电气工程及自动化技术

袁兴惠◎著

中国水利水电出版社
www.waterpub.com.cn
·北京·

内 容 提 要

本书以电力系统为主,对电气工程及自动化技术进行了研究,力求反映电力工业的新技术和发展趋势。全书以电气工程概述为基础,重点对电力系统的运行分析、电气一次设备及选择、电气一次系统、电力系统过电压与保护、电力系统继电保护、电气二次系统、电力系统自动化技术等内容进行了详尽的探讨。

本书结构合理,条理清晰,内容丰富新颖,可供电气工程技术方面的工作人员参考使用。

图书在版编目(CIP)数据

电气工程及自动化技术 / 袁兴惠著. —北京:中国水利水电出版社,2017.11(2023.8 重印)

ISBN 978-7-5170-6042-0

Ⅰ.①电… Ⅱ.①袁… Ⅲ.①电气工程②自动化技术 Ⅳ.①TM②TP2

中国版本图书馆 CIP 数据核字(2017)第 282318 号

书　　名	电气工程及自动化技术　DIANQI GONGCHENG JI ZIDONGHUA JISHU
作　　者	袁兴惠　著
出版发行	中国水利水电出版社
	(北京市海淀区玉渊潭南路 1 号 D 座 100038)
	网址:www.waterpub.com.cn
	E-mail:zhiboshangshu@163.com
	电话:(010) 62572966-2205/2266/2201(营销中心)
经　　售	北京科水图书销售有限公司
	电话:(010)68545874、63202643
	全国各地新华书店和相关出版物销售网点
排　　版	北京智博尚书文化传媒有限公司
印　　刷	三河市龙大印装有限公司
规　　格	170mm×240mm　16 开本　18.75 印张　243 千字
版　　次	2018 年 1 月第 1 版　2023 年 8 月第 2 次印刷
定　　价	85.00 元

前　言

　　现代社会是一个离不开电的社会,电器产品随处可见。而伴随着电气化时代的到来诞生了一门科学技术,即电气工程及自动化技术。电气工程及其自动化技术是众多高新技术的有机合成,代表着当今富有生机、充满活力、富有开发前景的综合性学科技术,在国民经济中的各个相关领域都已经深入地渗透进去,应用非常广泛。

　　电气工程是我国工程建设的重要内容,随着技术的发展和进步,电气工程的自动化正在逐步实现。电气工程自动化的实现有两方面的积极意义:第一是电气工程的运行效率会得到进一步的提升,通过相应的设备和控制系统,能够让生产线自行运转,最大限度地减少人为的因素;第二是电气工程可以实现统一的规划和控制,能够对电力系统进行本地或远程的自动管理、监视、调节、控制。简言之,电气工程自动化的实现,使整个工程的运行效率和质量都得到更加全面的掌控。

　　目前,电气工程及其自动化技术主要用于工业控制系统中,很多企业都采用了自动化技术来进行生产,尤其是日韩和西方发达国家,自动化水平已经非常高,而我国受到各方面因素的限制,目前工业自动化水平较低。伴随着国家科技技术的突飞猛进,电气工程及其自动化技术将迎来新的机遇和前景,为实现我国电气工程的全面自动化提供强大的助力。

　　为加快电气工程及其自动化技术在电气工程中的应用程度,发挥它对于电气工程的重大作用,作者撰写了本书。本书分为8章。主要内容为电气工程概述、电力系统的运行分析、电气一次设备及选择、电气一次系统、电力系统过电压与保护、电力系统继电保护、电气二次系统以及电力系统自动化技术。

电气工程及其自动化技术涉及的面很广,作者在撰写过程中加入了自己的研究积累,参考并引用了国内外相关专家学者的研究成果和论述,并一一列举。由于电气工程及其自动化技术方面的参考资料众多,文末参考文献难免会有疏漏,在此表示歉意,同时还要向相关内容的原作者表示诚挚的敬意和谢意。电气工程及其自动化技术处于高速发展的技术领域,新技术和新方法层出不穷,加之作者时间、经验水平有限,书中若有不当之处,恳请读者批评指正。

作　者

2017 年 8 月

目　录

第1章　电气工程概述

电力系统是由发电厂(不包括动力部分)、变电所、输配电线路和用电设备有机连接起来的整体,它包括了从发电、变电、输电、配电直到用电的整个过程。发电厂生产的电能,一般先由电厂的升压站(升压变电所)升压,经高压输电线路送出,再经过变电所若干次降压后,才能供给用户使用。本章对电力系统的相关基本知识、电力工业的发展概况、发电厂和变电所的类型以及生产过程等进行讲述。

1.1　电气工程的地位和作用

1.1.1　电力工业与国民经济的关系

能源是社会发展的基础物质。随着社会生产力的不断发展,人类消耗能源越来越多,且所利用能源的种类更为多样化。其中煤、石油、天然气、太阳能等可为人类直接利用,称之为一次能源;一次能源转换为二次能源为人类大量使用,我们将这一转化的工业产业称之为电力工业。

在现代化建设中,电能是最主要的动力能源,在工业、农业、交通和国防等各领域应用广泛,人们日常生活中,没有电是很难想象的。电子设备是现代社会的灵魂,电能当然是人类不可缺少的文明基础物质,电能已经像粮食、蔬菜一样成为我们生活中必不可少的一部分。因此,社会文明程度越高,人类的生产和生活就越离不开电能。电力工业和国民经济有着紧密的关系,由于它是其他工业的基础,因此,电力的发展反映国家的总体经济水平;

人均耗电量是反映一个国家现代化程度的高低。

根据统计表明:国民经济只要增长 1‰,所对应的电力工业要增长 1.3‰～1.5‰才能满足各个行业的快速稳定增长。不难看出,电力已经成为国民经济的命脉。我们应该牢牢抓住时代的机遇,大力发展电力工业,以促进社会进步、综合国力增强和人们生活水平的不断提高。

1.1.2　我国电力工业发展简介

我国电力工业的发展极为曲折。打开历史的卷轴我们发现,19 世纪中后期,法国率先在巴黎北火车站附近建成了世界上第一座火力发电厂。几年之后,在我国上海南京路建成了中国第一座发电厂。在这一点上,可以说中国电力与世界电力几乎是同时起步的。但遗憾的是,由于封建统治和外国列强的侵略,我国的电力工业在此后长达 60 余年的时间里发展极为缓慢,技术也十分落后。直到 1949 年,全国装机容量累计只有 1850MW,年发电量为 4.3×10^9 kW·h,分别列居世界第 21 位和第 25 位。就装机容量而言,仅相当于我国现在一座 6×300 MW 机组的中等规模的发电厂。

新中国的建立使我国的电力工业得到了飞速的发展。截至 1979 年,我国电力装机容量和年发电量已分别为 1949 年的 21 倍和 65 倍,在世界排名中居第 7 位。改革开放以来,我国电力工业得到了长足的发展,在电源建设和电网建设等方面均取得了令世人瞩目的成就。目前,我国电力工业进入"大""超""高"时代,即"大机组""大电网""超高压""高自动化"的发展新阶段。我们国家的电力发展一直紧跟世界潮流,目前调度自动化、光纤通信、计算机控制等高科技技术在我国已得到广泛应用。国家能源局以及相关部门发布的统计信息显示:截至 2014 年末,我国电力总装机容量为 1360GW,年发电量为 5.605×10^{12} kW·h,双双稳居世界第一。装机容量中火电装机为 916GW,占总装机容量的 67.3‰;水电装机为 302GW,占总装机容量的 22.2‰;核电装机为 20GW,占总装机容量的 1.5%;并网风电容量为 96GW,占总装机容量的 7%;并网太阳能发电容量为 26GW,占总装机容量的 1.9%。此外,还有占不到 1% 的生物质能发电。年发电量中火电为 4.2×10^{12} kW・h,占年发电量的 75%;水电为 1.1×10^{12} kW・h,占年发电量的 19.6%;核电为 1.3×10^{11} kW・h,占年发电量的 2.3%;风电为 1.5×10^{11} kW・h,占年发电量的 2.7%;太阳能发电为 2.5×10^{10} kW・h,占年发电量的 0.4%。

举世瞩目的三峡工程的建成,为我国电力工业的发展注入了强大的活力并将产生深远的影响。三峡水电厂总装机容量为 18200MW,是此前世界上最大的巴西伊泰普水电厂的 1.4 倍,因此三峡水电厂为当今世界上最大的水力发电厂。三峡工程的成功建设标志着我国水下探测、水下施工以及设备制造均已达到先进的水平。

我国的电网建设,在经历了 20 世纪 50~60 年代建成 110~220kV 省级高压电网之后,70 年代建成了西北 330kV 超高压区域电网。1981 年建成的平顶山至武昌的第一条 500kV 输电线路,使我国的超高压输电技术达到了一个新的水平。如今我国已建成了以 500kV 超高压输电线路为骨干网架的东北、华北、华中、华东、南方电网以及以 330kV 超高压输电线路为骨干网架的西北电网等六大区域电网,区域电网之间又通过交流、直流或者交、直流混合形式相联系,形成了跨区域联合电网。随着 2009 年晋东南-南阳-荆门 1000kV 特高压交流试验示范工程的建成投产,次年向家坝至上海 ±800kV 特高压直流示范工程取得了圆满的成功,这无不标志着我国的特高压电力输送技术已经十分成熟。

我国电力工业发展的方针一方面是优先开发水电,积极发展火电,稳步发展核电,因地制宜地利用其他可再生能源发电,搞好水电的"西电东送"和火电的"北电南送"建设,建设坚强的智能电网;另一方面,要继续深化电力体制改革,实施厂网分开,实行竞价上网,建立起竞争、开放、规范的电力市场。根据国家电网公司规划,到 2020 年我国电力总装机容量将在 2010 年的基础上再翻一番,达到1800GW。同时建成以华北、华中和华东地区为核心,连接各大区域电网和主要负荷中心的1000kV特高压智能骨干电网,届时我国电网规模将跃居世界第一。中国不仅成为世界电力大国,还将成为世界电力强国。

1.2 发电厂

发电厂的职责是生产电能,其主要任务是将一次能源转化为二次能源。根据所使用的一次能源的不同,发电厂的分类也不同。如燃烧煤的火力发电厂、利用水能的水电厂、利用核能的核电厂等。当下,火力发电是最主要的发电模式,火电设备容量占比超过70%,核能发电设备容量则不足10%。

火力发电资源是天然原料,这些原料的形成长达几亿年时间,它们不仅是能量的提供者,还是很珍贵的化工原料,为了节约这些有多种用途的重要资源,除了积极发展水力发电、核动力发电之外,还应致力于开发新的发电模式,如潮汐发电、地热发电、太阳能发电、风力发电技术等。

使用新能源发电和新方式发电的技术还处于试验阶段,在经济上成本也太昂贵,因此尚不能与传统的发电方式媲美。但是,随着技术的不断进步和能源资源构成的不断改变,最后必然会广泛用于发电生产中。

1.2.1 火力发电厂

火力发电厂的燃料分为煤、石油、天然气,欧美国家燃油电厂居多,但受世界石油危机和油价不断波动等影响,燃煤电厂的数量也日趋增多。我国只有很少几个燃油电厂,从目前我国能源资源实际构成情况以及为了发挥资源的最佳经济效益出发,除今后不再建燃油电厂外,已有的燃油电厂应该改造成燃煤电厂。

火电厂从模式上可分为凝汽式火电厂和热电厂。凝汽式火电厂是单一生产电能的火电厂。凝汽式火电厂可建在燃料产地,电厂容量也可以很大。热电厂既生产电能,又向用户提供热能。热电厂与凝汽式火电厂的不同之处主要在于:热电厂汽轮机中有一部分作过功的蒸汽,从中间段抽出供给热力用户,或经热交换器将水加热后,把热水供给用户。这样,便可减少被循环水带走的热量损失。现代热电厂的效率高达 60%~70%。热电厂供热存在距离限制,故热电厂一般建在邻近热负荷的地区,容量也不大。

图 1-1 是浙江北仑发电厂,其总装机容量达到 300 万 kW,年发电能力为 170 亿 kW·h,是目前我国最大的火力发电厂。

图 1-1　浙江北仑发电厂

1.2.2　水力发电厂

由于水能源源不断,可重复利用,因此建设水力发电厂,用水的位能发电历来具有强烈的吸引力。

水电厂的发电容量 P 与水位差(落差)H 和流量 Q 成正比。为了充分利用水能,人们针对河流的自然条件建造适合于河流特点的人工建筑物,以期得到尽可能大的落差。按集中落差方式不同,水电厂的开发模式分为堤坝式、引水式和混合式。

为了高效率运行,有些水电厂在下游增设一个大的储水池,白天电力系统负荷处于高峰时电厂发电,并把发过电的水存入储水池,夜间低负荷时把储水池内的水再抽回水库,这一过程把电能再变成水的位能,以备下一次白天负荷高峰时再发电,这种发电方式称为抽水蓄能电厂。

我国有丰富的水资源,据调查,全国水利资源蕴藏量达 6.8 亿 kW,可利用量约为 3.78 亿 kW。特别是黄河、长江水系集中了我国的主要水利资源,仅就三峡而言,约可装机 2500 万 kW。图 1-2 所示是位于吉林省吉林市的丰满水力发电厂。

图 1-2 丰满水力发电厂

1.2.3 核电厂

太阳之所以发光,所燃烧的就是核能,可见核能的威力十分巨大。核能是科学家经过大量实验而发现的一种新型能源,我国已经投建了模拟太阳发光的核反应器,称之为"人造太阳",一旦成功将是科学界的又一大进步。

　　1985 年我国第一座核电厂投入运行,从此核电工业迅速崛起。与其他电力工业相比较,核电工业建设速度极快。核电厂把核裂变能转化为热能,再按火电厂的方式发电。只不过它以核蒸汽发生装置代替了蒸汽锅炉,核蒸汽发生装置除蒸汽发生器、泵等外,主要是原子核反应堆。反应堆中除核燃料外,以重水或高压水等作为慢化剂和冷却剂,反应堆又可分为重水堆和压水堆等。图 1-3 所示的是深圳大亚湾核电厂。

图 1-3　深圳大亚湾核电厂

1.2.4　地热发电

　　地下水资源在地下深处被加热,这就是地热资源。根据地质条件不同,热水温度约在几十度到几度,如我国西藏羊八井地热电厂水温约 150℃。利用这种低温热能发电有两种方式:一种方式是通过减压扩容法将地下热水变为低压蒸汽,供汽轮机做功;另一种方式是用地下热水加热低沸点的特殊工质,使其变成气体对汽轮机做功。图 1-4 所示的是西藏羊八井地热电厂。

图1-4　西藏羊八井地热电厂

1.2.5　潮汐电厂

海水潮汐现象蕴含着巨大的能量。利用这种能量发电的电厂就是所谓的潮汐电厂。潮汐发电需要建设拦潮堤坝,还需要特别的地形条件,以及足够的潮汐潮差和较大的容水区。理想的建厂地点是海岸边或河口地区,蓄积大量海水,降低产电成本。

1.2.6　风能发电厂

风力发电是一种完美的发电模式。近年来我国也鼓励风力发电,并给予优惠政策。风能取之不尽,但质量差。为了取得稳定的电能一般需与蓄电池并联运行。大型风力发电机的研制方向是提高可靠性和降低成本。图1-5所示为大阪城风力发电厂。

图 1-5 大阪城风力发电厂

1.3 电力系统

1.3.1 电力系统的形成

电能应用广泛,我们能够通过一定的方式,方便快捷将一次能源转化为电能,是应用非常广泛的二次能源,它能够方便而经济地从蕴藏于自然界中的一次能源中转换而来。电能转换容易、输送方便、容易控制,所以电能广泛地应用于社会生活的各个领域,成为了现代工农业、交通运输业、国防科技领域等的重要能源,在国民经济中占有十分重要的地位。

电能是由发电厂按生产需求建设合适的发电机组。在电力工业发展初期,由于对电能的需求量不大,发电厂都建在用户附近,规模很小,各发电厂之间没有任何联系,彼此都是孤立运行的。随着工农业生产的发展和科学技术的进步,对电力的需求量日益增大,且对供电可靠性的要求也越来越高,显然单个独立运行的发电厂是无法达到这些基本要求的。为此,需要建设大容量的发电厂以满足日益增长的用电需求,并通过各发电厂之间的相互联系,来提高供电的可靠性。为了节省燃料的运输费用,大容量发电厂需要建在燃料相对充分的地区、水资源充沛的地带,但是电力用户并不集中,且同一地区又有地势高低的差别。因此需要完善电力设备和线路才能将电稳定地输送到各地。为了实现电能的经济运输需要建设升压变电所,为了满足用户的需求,需要建设降压变电所。图 1-6 所示是电能从电厂到达用户的送电过程。

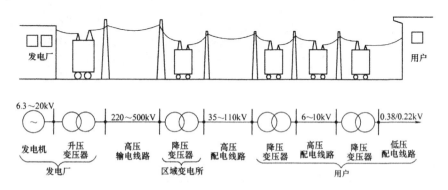

图 1-6 从发电厂到用户的送电过程

将各类发电厂通过升压和降压,经过输配电线路最后到达用户,这一过程将发电站和用户串联起来,而形成统一的整体,我们将这个整体称之为电力系统,如图 1-7 所示。

电力系统中除去发电厂和电力用户,中间的是连接部分,我们将连接部分称之为电力网(power,network)或电网,它由各级电压的电力线路及其联系的变配电所组成。电力网的最大功用是输送功能,保障了发电厂和电力用户之间的有效联通。根据电力输送的距离可将电网分为地方电力网、区域电力网及超高压远距离输电网三种类型。地方电力网的电压为 110kV 以下,输送功率小,输电距离短,主要供电给地方负荷,一般工矿企业、城市和农村乡镇配电网络属于这种类型。区域电力网的电压为 110kV 以上,输送功率大,输电距离长,主要供电给大型区域性变电所,目前在我国,区域电力网主要是 220kV 级的电力网,基本上各省

(区)都有。超高压远距离输电网由电压为330～500kV及以上的远距离输电线路所组成,它的主要任务是把远处发电厂生产的电能输送到负荷中心,同时还联系若干区域电力网形成跨省(区)的大电力系统,例如我国的华北地区、华东地区等电力网就属于这种类型。但电压为110kV的电力网属于地方电力网还是区域电力网,要视其在电力系统中的作用而定。

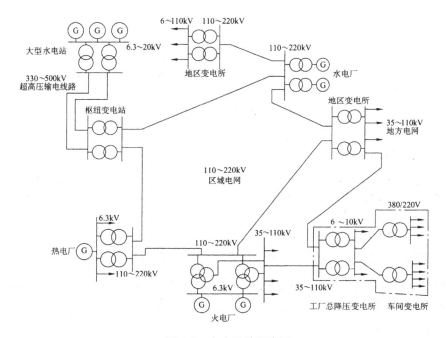

图 1-7 电力系统示意图

1.3.2 建立大型电力系统(联合电网)的优点

1. 减少系统的总装机容量

由于地域和时差的关系,它们达到最大负荷出现的时间不同。为了实现互联互通,组成的联合电网,其最大负荷小于原有各电网最大负荷之和,因而可以减少全网对总装机容量的需求。

2. 减少系统的备用容量

为了有效避免发电机组出现故障或者电力检修中断了供电，电力系统往往装备一定的备用容量。由于备用容量在电力系统中是可以互用的，所以，电力系统越大，它在总装机容量中占的比例越小。

3. 提高供电的可靠性

互联互通之后，各发电厂形成一个统一的系统，其备用容量可以相互协作，相互支援，系统中多个发电厂同时检修的概率几乎为零，因此，电力系统越强大，对突发事件的抵抗能力就越强，大大提高了供电的可靠性。

4. 安装大容量的机组

大容量机组的优点十分突出，主要表现为：效率高；占地面积少；投资和运行费用低。但是，孤立运行的电厂或容量较小的电力系统，因没有足够的备用容量，不允许采用大机组，否则，一旦机组因事故或检修退出工作，将造成大面积停电，给国民经济带来严重损失。电厂的互联互通，由于拥有足够的备用容量，安装大机组成为了可能。

5. 合理利用动力资源，提高系统运行的经济性

由于季节性的限制，水力发电厂的发电量会随着季节浮动较大，在丰水期水量过剩，枯水期则水量短缺。组成大型电力系统后，水、火电厂联合运行，可以灵活调整各电厂的发电量，提高电厂设备的利用率。例如，在丰水期让水电厂多发电，火电厂少发电并适当安排机组检修；而在枯水期让火电厂多发电，水电厂少发电并安排检修。这样互相调节后，可充分利用水力资源，减少煤炭消耗，从而提高电力系统运行的整体经济效益。此外，水电厂进行增减负荷的调节比较简单，宜作为调频厂，因而有水电厂

的系统调频问题比较容易解决。

综上所述,很多发达国家都建立起了全国统一的电力系统,有的国家之间也建立了跨国联合电力系统。在此大背景下,我国电力改革已经开始落实,目前已经形成东北、华北、华东、华中、西北、南方共 6 个跨省(区)电网。

1.3.3　电力系统的基本参量

电力系统可以用以下基本参量加以描述:

(1)总装机容量

总装机容量是指系统中所有发电机组额定有功功率的总和,以 MW、GW 计。

(2)年发电量

年发电量是指系统中所有发电机组全年发出电能的总和,以 MW·h、GW·h、TW·h 计。

(3)最大负荷

最大负荷是指规定时间(一天、一月或一年)内电力系统总有功功率负荷的最大值,以 MW、GW 计。

(4)额定频率

我国规定的交流电力系统的额定频率为 50Hz。

(5)电压等级

电压等级是指系统中电力线路的额定电压,以 kV 计。

1.3.4　电力系统运行的特点

电能与其他工业生产相比,其特性表现如下:

1. 存储量小

电力系统是简单的生产和消耗的关系,电能从生产到消耗的全过程,是流水式的过程,又由于电能传输速度极快,所以成产、运输、分配和消耗几乎是同时进行的。发电厂生产的电能在任何时候都等于用户所消耗的电能和中途所损耗的电能之和。

虽然人们进行了大量的试验和探索,但是仍未能完全解决经济、高效以及大容量电能的存储问题。因此,电能不能大量存储是电能生产的最大特点。

2. 过渡过程十分短暂

电能是以电磁波的方式传播的,速度极快,因此电力系统一旦发生变化,其过渡十分短暂。例如,开关的切换操作、电网的短路等过程,都是在瞬间完成的。因此,在电力系统中,安装各种自动装置或采用计算机调控才能快速而准确地完成调整。

3. 关乎国计民生

电能生产与国民经济各部门和人民的日常生活关系密切,息息相关。电能供应不足或中断不仅会给国民经济造成巨大损失,给人民生活带来不便,甚至还会酿成极其严重的社会性灾难。

1.3.5 对电力系统的基本要求

电能是国家的命脉,无论是居民用电还是商业用电,对电力系统的基本要求如图 1-8 所示。

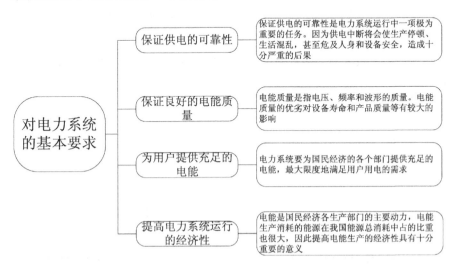

图 1-8 电力系统的基本要求

电力系统首先要保证供电的可靠性和电能质量,在满足这两点的前提下应考虑到电力系统运行的经济性,为用户提供充足、廉价的电能。这就是说,要求在电能的生产、输送和分配过程中,效率高、损耗小。为此,应做好规划设计,合理利用能源;采用高效率低损耗设备;采取措施降低网损;实行经济调度等。

综上所述,保证对用户不间断地供给充足、可靠、优质而廉价的电能,是电力系统的基本任务。

1.4　分布式发电与微网简介

1.4.1　分布式发电的概念与类型

电力系统的改革是与时俱进的,进入 21 世纪,电力系统逐步发展为集中式发电、远距离输电的大型互联网络系统。但是这种所谓的"大机组、大电网、高电压"的电网结构的缺点也展现出来:投入成本高、运行难度大、不能灵活跟踪负荷变化、局部事故容易扩大等,因此,单纯地扩大电网规模显然不能满足用户对供电可靠性和电能质量越来越高的要求。与此同时,随着国民经济的快速增长,能源问题日益突出,环境污染正在加剧,各个国家都在努力寻找一种能源利用效率高、环境污染少的用能方式。于是,经济、高效、可靠的分布式发电技术应运而生。

分布式发电或分布式电源是指利用各种可用和分散存在的能源,将小型发电设备分散地安装在用户附近进行发电供能的系统,其发电容量通常在 50MW 以下。

目前,我们应用的分布式一次能源包括太阳能、风能、生物质能、小型水能、地热能、海洋能等可再生能源,也包括内燃机、微型燃气轮机、燃料电池、热电联产等不可再生能源。分布式发电技术的主要特点是灵活、经济与环保。但是,某些可再生资源持续性和稳定性不够好,这就难以满足负荷的功率平衡,还需要其他

电源的不重合配合。目前,应用比较成熟的分布式发电技术分为以下几种:

(1)风力发电

风能发电完全依赖于风力的大小,风力发电清洁但并不十分可靠。风力发电又可分为离网型和并网型两大类。离网型风力发电是指风力发电机输出的电能经蓄电池储能,再供应给用户使用。并网型风力发电是在风力资源丰富地区,按一定排列方式安装风力发电机组,成为风力发电场,发出的电能全部经变压器送至电网。并网型风力发电场具有大型化、集中安装和控制等特点,是大规模开发风电的主要形式,也是近几年来风电发展的主要趋势。

但是风能极不可控,风电场做功波动较大,且风力对设备有一定的破坏,因此发展风能还需要某些技术上的突破。

(2)太阳能发电

目前,太阳能发电主要利用半导体材料的光伏效应(photovoltaic effect)来发电,将太阳辐射直接转换为电能。太阳能光伏发电系统根据是否并网可以分为并网运行光伏系统和独立运行系统两大类。独立运行的光伏发电系统需要蓄电池作为它的储能装置,主要用于人口较分散地区和无电网的边远地区,如高原地区的移动基站以及牧场的牧民等。在有公共电网的地区,光伏发电系统与电网连接并网运行。光伏发电具有不消耗燃料、规模灵活、不受地域限制、安全可靠、无污染和维护简单等优点,但光伏电池的光电转换效率较低,当然,光伏电池的运作受到空气清洁度和日照强度的影响,光伏发电成本较高。

(3)生物质能发电

所谓生物质能发电,是指利用生物质,如农业、林业和工业废弃物,甚至城市垃圾等,采取直接燃烧或汽化等方式将生物质能转化为电能的一种发电方式。生物质能是世界第四大能源,仅次于石油、煤炭和天然气,具有总量丰富、污染低和分布广泛等诸多优点,是一种可再生的能源,其发电成本低,容易控制,环保综合利用效果好。最大的缺点是能量转化较低,而且获取、存储和供给生物质燃料都比较困难,因此生物质能发电的容量和规模受到限制。

(4)燃料电池发电

燃料电池是化学能转化为电能的装置。在恒温状态下,不经燃烧直接将存储在燃料和氧化剂中的化学能转化为电能的发电装置。燃料电池按电解质可分为聚合电解质膜电池、碱性燃料电池、磷酸型燃料电池、固体电解质燃料电池和熔融碳酸盐燃料电池。目前技术成熟且已商业化的燃料电池为磷酸型燃料电池(Phosphoric Acid Fuel Cells,PAFC)。燃料电池具有效率高、不受负荷变化的影响、清洁无污染、噪声低、安装便捷、经济等优点,当然燃料电池的造价很高,目前技术方面还不够成熟,大规模的应用并没有开展。

(5)微型燃气轮机发电

微型燃气轮机是以天然气、甲烷、汽油、柴油等为燃料的超小型汽轮机,其发电效率可达 30%,如实行热电联产,效率可提高到 75%。微型燃气轮机具有体积小、质量轻、发电效率高、污染小和运行维护简单等特点,是目前最成熟、最具商业竞争力的分布式电源之一。

分布式电源与传统的大电网供能方式相比,具有以下优点:①节能效果好;②环境污染少;③灵活性好;④经济性好;⑤供电可靠性高。

1.4.2 分布式电源并网对配电系统的影响

由于分布式电源容量小,一般会并入配电网运行。分布式电源的接入使配电系统从单电源辐射型的网络变为多电源和用户的互联网络,对传统配电系统产生巨大的影响,表现为以下几个方面:

(1)对配电网规划运行的影响

传统配电网的潮流是单向流动的,接入分布式电源后,潮流的大小和方向有可能发生巨大改变,使稳态电压也发生变化,原有的调压方案不一定能满足接入分布式电源后的电压要求。此外,分布式电源位置和容量对电网损耗也有直接影响。随着大量分布式电源的接入,将使配电网规划人员更加难以准确预测负荷的增长情况,从而影响后续规划。

(2)对继电保护的影响

在单电源、辐射型供电网络中,由于只有一个电源向故障点提供故障电流,因此清除故障只需要跳开系统侧的断路器就能完成。引入分布式电源后,配电网成为一个多电源系统,故障电流的大小、持续时间及其方向均会受到影响,因此,分布式电源将对配电网原有的继电保护产生较大的影响,有可能导致原有保护装置误动或拒动。

(3)对电能质量的影响

由于分布式电源的启动和停运是由用户根据自身需求来控制的,尤其是随着今后分布式电源数量的增多、总量的增大,其并网、下网可能会造成电网的电压发生波动。另外,分布式电源的接入使用了大量的电力电子装置,并网时也可能产生谐波,从而影响电网电能质量。

(4)对系统可靠性的影响

无论是与集中式电源同时供电,还是作为集中式电源的备用电源,分布式电源对供电可靠性都起到积极的作用。但分布式电源也可能对系统可靠性产生不利影响,如果分布式电源与配电网的继电保护配合不好使继电保护误动作,则会降低系统的可靠性。不适当的安装地点、容量和连接方式也会降低配电网可靠性。

1.4.3　微网

1. 微网的概念

虽然分布式电源优点较多,其运行成本高、发电输出波动性的缺点也不容忽视,同时,分布式电源相对大电网来说是一个随机不可控电源,因此大系统往往采取限制、隔离的方式来处置分布式电源,以减小其对大电网的冲击。为了协调大电网与分布式电源之间的矛盾,充分发挥分布式发电的经济效益,美国率先提出了微电网(简称微网)的概念。微网(Microgrid)是一种由微电源(分布式电源)、电力电子装置、储能装置和负荷构成的小型发配电系统。微电源负责能源供应(电能与热能);电力电子装置负责能量的转换,并提供必要的控制;储能装置提供充足的能量储备保证负荷的正常运行。

2. 微网的结构

图 1-9 所示是微网的典型结构,其组成可分为微电源、储能装置、电力电子控制装置和负荷等。图中包括 3 条馈线 A、B 和 C及 1 条负荷母线,网络整体呈辐射状结构。馈线 A 包含多个分布式电源(DG)、负荷(敏感负荷与热能负荷组成)、储能装置等,热能负荷附近的 DG 既提供电能又提供热能;馈线 C 由多个分布式电源、敏感负荷与储能装置共同组成;馈线 B 仅包含非敏感负荷。馈线 A、C 的敏感负荷在联网时由电网和 DG 共同供电满足其负荷所需;一旦电网出现故障,则由 DG 单独供电满足其负荷需求,从而保证敏感负荷的供电可靠与安全。馈线 B 上为非敏感负荷,在联网时,非敏感负荷正常工作,一旦微网过负荷孤岛运行时,可切断对馈线 B 的供电以保证敏感负荷供电。

3. 微网的运行与控制

微网通过隔离变压器、静态开关与配电网相连。它有两种运行模式:一般情况下,微网与常规配电网并网运行,称为联网模式;当电网出现故障或电能质量不达标时,微网将及时与电网断开而独立运行,称为孤岛模式。在联网模式下,负荷既可以从电网获得电能也可以从微网获得电能,同时微网既可以从电网获得电能也可以向电网输送电能(根据接入电网的准则);在孤岛模式下,微网要能维持自己的电压和频率,能保证微网自身正常运行。微网在两种模式之间的切换必须平滑而快速。

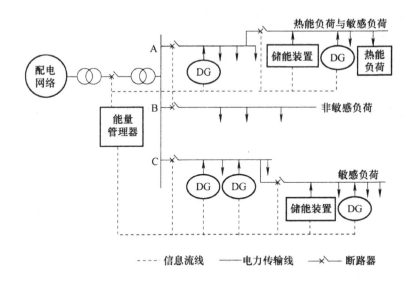

图 1-9 微网的典型结构

微网在运行时需要保障用户对电能的质量需求,包括供给电压的稳定和频率的浮动基本稳定。要达到这一要求就需要通过控制微网来实现。

目前,微网常用的整体控制策略有主从控制(master-slave)和对等控制(peer-to-peer)。主从控制是将各个 DG 采取不同的控制方法,并赋予不同的职能,其中一个为主电源来检测电网中的各种电气量,并通过通信线路协调控制其他从属 DG 的输出来达到整个微网的功率平衡。对等控制是对各个 DG 采用相同的控制,各 DG 之间是平等关系,微网中的任何一个 DG 在接入或断开时,其他单元的设置都不需要修改,且微电源之间无须任何通信环节,都采用本地变量进行控制,使微网实现了"即插即用"的功能。

微网中的分布式电源普遍使用逆变器为接口的接入方式,其直流侧接电源,交流侧接网络或负载。因此,分布式电源输出电压电流的频率、幅值由接口逆变器的控制方法决定。常用的逆变型分布式电源控制策略有 PQ 控制（PQ control）、下垂控制（Droop control）和 V/f 控制（V/f control）三种方式。

（1）PQ 控制

PQ 控制是一种恒功能控制，其控制目的是使分布式电源输出的无功功率和有功功率等于其期望功率。该控制方式需要系统中有维持电压和频率的发电机组，但对电网电压和频率无直接调节作用，微网内的负荷波动、频率和电压扰动由大电网承担，多应用于联网模式。

（2）下垂控制

下垂控制是利用分布式电源输出的有功功率与频率、无功功率与电压幅值各呈线性关系的原理进行控制的。该控制方式不需要微源间的相互通信，就可实现孤岛下微网内电力平衡和频率的统一，类似于传统大电力系统的一次调频过程，常应用于微网的对等控制策略中。

（3）V/f 控制

V/f 控制又称为恒压恒频控制，其控制目的是使分布式电源输出的电压和频率保持不变。该控制方式能够为微网提供强有力的电压和频率支撑，并具有一定的负荷跟随特性，主要应用于孤岛模式。该控制方式类似于传统大电力系统的二次调频过程，常应用于微网的主从控制策略中。

4. 微网的发展现状与展望

微电网作为输电网、配电网之后的第三级电网，有效连接了发电侧和用户侧，且可灵活接入大量的分布式能源，并主动参与了电力系统的运行优化，其特点适应了电力发展的需求和方向，有着广阔的发展前景。

近年来，欧洲各国以及美国、日本、加拿大等国都已开展微电网研究开发及示范工程建设工作，有关微电网的理论和实验研究已经取得了一定成果。欧盟的第五、第六研究框架开展微网控制及相关标准制定等方面的深入研究；美国也建立了 CERTS、

NREL、GE、MADRIVE R 等系列的微网示范工程,对微网的定义、结构、控制和效益分析等问题进行研究;日本则专门成立了新能源与工业技术发展组织(NEDO),主要研究微网结构、控制策略及热电联产的实现。

我国相关研究机构和高校依托金太阳示范工程、973、863 科技项目,对微电网的概念和关键技术进行了理论研究,也建立了如浙江舟山东福山岛风光储柴海水淡化综合系统、浙江温州南麂岛分布式发电综合系统、中新天津生态城智能电网综合示范工程微网系统、河南财专分布式光伏发电及微网控制工程、广东珠海东澳岛微电网项目等多个微电网示范工程,针对微电网的控制保护、协调运行、能量管理、运营策略等积累了大量工程经验,对微电网的技术应用和推广起到了较好的推进作用。然而,到目前为止国内外微电网实际工程还是比较少,微电网与大电网之间的快速隔离、并网状态与孤网状态的无缝切换以及微电网内部稳定控制仍是微电网面临的三大核心问题。

1.5 电力工业发展趋势

1.打破垄断、引进竞争

20 世纪 80 年代,电力行业的垄断程度逐渐降低,竞争性力量得到发展,电力行业进入了改革的酝酿期。90 年代初期,英国为了催化电力市场的活力,进行了电力民营化改革,推行发电、输电、配电相互分离,并在发电环节实行竞争,实现了在输配电环节的价格管制和统一经营,从此售电市场逐步开放。到 2003 年欧盟范围内的电力市场开放程度平均达 80%。

2.向高效率、环保型的方向迈进

高效环保的发电模式逐步受到人们的青睐,目前比较成熟的技术有:①超临界技术;②联合循环发电技术;③流化床技术和整体煤气化联合循环技术在内的洁净煤技术;④以风能、太阳能为代表的可再生能源发电技术。大量数据表明,发电用的一次能源中,煤的主体地位在短时间内无法改变。在以煤为能源的电力生产中,较为环保和成熟的技术首推超临界大容量机组。近年来人们对清洁能源的研究越来越多,风力发电、太阳能发电、生物质能发电技术正在向成熟的方向发展。

3.小型分散发电技术走向成熟

20世纪90年代左右,大电网取得了快速地发展,与此同时,小型电网的发展也取得了非凡的成就,目前,已经成功开发的小型电网有:①小型燃气轮机;②内燃机;③燃料电池;④太阳能发电系统。其中以小型热点联产机组发展最为快速。小型分散电网作为大型电网的补充,其发展潜力不可小觑。

"分散"电力系统的优点是:①提高效率;②降低环境污染;③减少配电线路。

第 2 章　电力系统的运行分析

近年来,随着经济的不断发展,我国电力工业也取得巨大的进步,电力系统规模不断地增加,电网结构日趋复杂,使得电力系统在运行的过程中受到的影响因素也不断增加,因此对电力系统的运行状态进行分析和识别就显得十分重要。本章主要对电力系统运行进行分析,简单概括提高电力系统经济运行和降损的措施。

2.1　电力系统元件的参数和等效电路

2.1.1　电力变压器的等效电路和参数计算

电力变压器有双绕组变压器、三绕组变压器、自耦变压器、分裂变压器等。变压器的参数包括电阻、电导、电抗和电纳。本节只对双绕组和三绕组变压器的等效电路及参数计算进行研究。

1. 双绕组变压器的等效电路和参数计算

在电网的计算中,双绕组变压器一般采用由短路电阻 R_T、短路电抗 X_T、励磁电导 G_T 和励磁电纳 B_T 四个等效参数组成的 Γ 形等效电路,如图 2-1(a)所示。图中电导 G_T 和电纳 B_T 也可直接用变压器的空载损耗 ΔP_0 和无功损耗 ΔQ_0 代替,如图 2-1(b)所示。对于地方电网及发展规划中的电力系统,则通常可不计变压器的等效导纳,而将变压器的等效电路进一步简化为图 2-1(c)所示的由电阻 R_T、电抗 X_T 串联的等效电路。

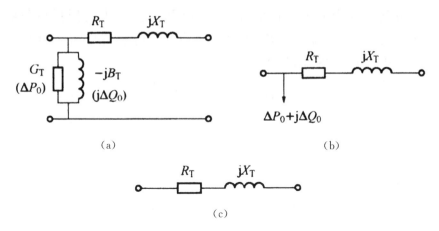

图 2-1　双绕组变压器的等效电路

(a)Γ 型等效电路;(b)用 ΔP_0、ΔQ_0 表示的等效电路;

(c)不计变压器等效导纳的等效电路

任何一台变压器出厂时,制造厂家都会在变压器的铭牌上或出厂试验书上给出代表其电气特性的四个参数,即短路损耗(也称负载损耗)ΔP_k、短路电压(也称短路阻抗)百分数 $U_k\%$、空载损耗 ΔP_0、空载电流百分数 $I_0\%$。前两个参数由短路试验得出,后两个参数由空载试验得出。根据以上四个电气特性数据,即可计算出等效电路中的 R_T、X_T、G_T 和 B_T。

(1)电阻 R_T

变压器电阻 R_T 反映了经过折算后的一、二次绕组的电阻之和,可通过短路试验数据求得。变压器短路试验接线图如图 2-2 所示,可根据一次测得短路损耗 P_k 和短路电压 U_k。

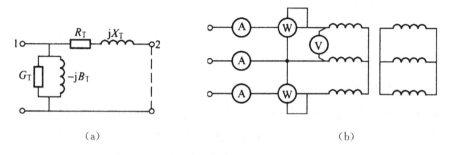

图 2-2　变压器短路试验线路图

(a)短路时等值电路;(b)三相测试图

短路试验中的电压很低,故励磁电路及铁心中的损耗可忽略不计,可认为短路损耗 ΔP_k 近似等于短路电流流过变压器时一、二次绕组中总的铜损耗 P_{Cu},于是有

$$\Delta P_k \approx P_{Cu} = 3I_N^2 R_T \times 10^{-3} = 3\left(\frac{S_N}{\sqrt{3}U_N}\right)^2 R_T \times 10^{-3}$$

$$= \frac{S_N^2}{U_N^2} R_T \times 10^{-3}(\text{kW})$$

从而解得

$$R_T = \frac{\Delta P_k U_N^2}{S_N^2} \times 10^3(\Omega) \tag{2-1-1}$$

式中,I_N 为变压器的额定电流,A;U_N 为变压器的额定电压,kV;S_N 为变压器的额定容量,kVA。

(2)电抗 X_T

短路试验时,变压器通过的是额定电流,此时变压器阻抗上短路电压百分数为

$$U_k\% = \sqrt{(U_X\%)^2 + (U_R\%)^2}$$

式中,$U_R\%$ 为电阻 R_T 上电压降的百分数;$U_X\%$ 为电抗 X_T 上电压降的百分数。

对大、中型变压器,因 $X_T \gg R_T$,故可以忽略 R_T,近似地认为 $U_k\% \approx U_X\%$,即

$$U_X\% = \frac{\sqrt{3}I_N X_T \times 10^{-3}}{U_N} \times 100 = \frac{S_N X_T \times 10^{-3}}{U_N^2} \times 100$$

由此可得变压器的短路电抗 X_T 为

$$X_T = \frac{U_k\% U_N^2}{S_N} \times 10(\Omega) \tag{2-1-2}$$

(3)电导 G_T

变压器电导 G_T 是反映变压器励磁支路有功损耗的等值电导,可通过空载试验数据求得,图2-3所示为变压器空载试验接线图。进行空载试验时,空载损耗和空载电流分别为 ΔP_0 和 I_0,由于空载的电流小,铁心损耗 P_{Fe} 也很小,故可空载损耗主要在 G_T 上,因此,$P_0 \approx P_{Fe}$,于是有

$$\Delta P_0 \approx P_{\mathrm{Fe}} = U_{\mathrm{N}}^2 G_{\mathrm{T}} \times 10^{-3}$$

$$G_{\mathrm{T}} = \frac{\Delta P_0}{U_{\mathrm{N}}^2} \times 10^{-3} \qquad (2\text{-}1\text{-}3)$$

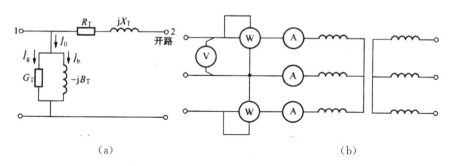

(a)　　　　　　　　　　　　　　　　(b)

图 2-3　变压器空载试验接线图

(a)变压器空载等值电路;(b)三相测试图

(4)电纳 B_{T}

变压器电纳 B_{T} 是反映与变压器主磁通的等值参数(励磁电抗)相应的电纳,也可通过空载试验数据求得。

变压器空载试验时,流经励磁支路的空载电流 $\dot{I}_0$ 分解为有功分量电流 $\dot{I}_{\mathrm{g}}$(流过 G_{T})和无功分量电流 $\dot{I}_{\mathrm{b}}$(流过 B_{T}),且有功分量 I_{g} 较无功分量 I_{b} 小得多,如图 2-4 所示,所以在数值上 $I_0 \approx I_{\mathrm{b}}$,即空载电流近似等于无功电流。因而,由

$$U_{\mathrm{N}} = \sqrt{3}\,I_0\,\frac{1}{B_{\mathrm{T}}} = \sqrt{3}\,I_{\mathrm{b}}\,\frac{1}{B_{\mathrm{T}}}$$

得

$$I_{\mathrm{b}} = \frac{U_{\mathrm{N}}}{\sqrt{3}}B_{\mathrm{T}}$$

又由 $I_0\% = \dfrac{I_0}{I_{\mathrm{N}}} \times 100$,得

$$I_0 = \frac{I_0\%}{100}I_{\mathrm{N}} = \frac{I_0\%}{100} \times \frac{S_{\mathrm{N}}}{\sqrt{3}\,U_{\mathrm{N}}}$$

由 $I_0 \approx I_{\mathrm{b}}$ 可得

$$B_{\mathrm{T}} = \frac{I_0\%}{100U_{\mathrm{N}}^2}\frac{S_{\mathrm{N}}}{} \times 10^{-3} = \frac{I_0\%}{U_{\mathrm{N}}^2}\frac{S_{\mathrm{N}}}{} \times 10^{-5}(S) \qquad (2\text{-}1\text{-}4)$$

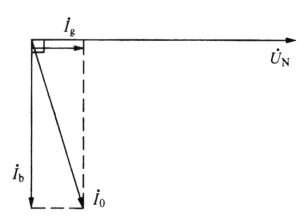

图 2-4 双绕组变压器空载运行时的相量图

2. 三绕组变压器的等效电路和参数计算

三绕组变压器的等效电路如图 2-5 所示。其导纳支路参数 G_T、B_T 的计算公式与双绕组变压器完全相同。阻抗支路参数 R_T、X_T 的计算与双绕组变压器也无本质上的差别，但由于三绕组变压器各绕组的容量有不同的组合，因而其阻抗的计算方法有所不同，现分别讨论如下。

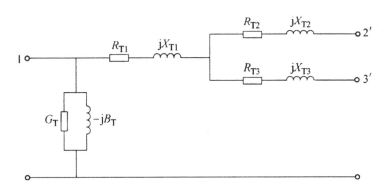

图 2-5 三绕组变压器的等效电路图

（1）电阻 R_{T1}、R_{T2}、R_{T3}

我国新型三绕组变压器按三个绕组容量比的不同分为 100/100/100、100/100/50 和 100/50/100 三种类型。

对于容量比为 100/100/100 的三绕组变压器，其短路试验是分别令一个绕组开路、一个绕组短路,而对余下的一个绕组施加电压,依次进行,其短路损耗分别为 ΔP_{k1-2}、ΔP_{k2-3}、ΔP_{k3-1}。

设各绕组的短路损耗分别为 ΔP_{k1}、ΔP_{k2}、ΔP_{k3},则有

$$\left.\begin{aligned}\Delta P_{k1-2} &= \Delta P_{k1} + \Delta P_{k2}\\\Delta P_{k2-3} &= \Delta P_{k2} + \Delta P_{k3}\\\Delta P_{k3-1} &= \Delta P_{k1} + \Delta P_{k3}\end{aligned}\right\}$$

由此可得每个绕组的短路损耗为

$$\left.\begin{aligned}\Delta P_{k1} &= \frac{1}{2}(\Delta P_{k1-2} + \Delta P_{k3-1} - \Delta P_{k2-3})\\\Delta P_{k2} &= \frac{1}{2}(\Delta P_{k1-2} + \Delta P_{k2-3} - \Delta P_{k3-1})\\\Delta P_{k3} &= \frac{1}{2}(\Delta P_{k3-1} + \Delta P_{k2-3} - \Delta P_{k1-2})\end{aligned}\right\} \tag{2-1-5}$$

根据式(2-1-1),即可求得各个绕组的电阻为

$$\left.\begin{aligned}R_{T1} &= \frac{\Delta P_{k1} U_N^2}{S_N^2} \times 10^3\\R_{T2} &= \frac{\Delta P_{k2} U_N^2}{S_N^2} \times 10^3\\R_{T3} &= \frac{\Delta P_{k3} U_N^2}{S_N^2} \times 10^3\end{aligned}\right\} \tag{2-1-6}$$

对于第二、第三种类型变量比的变压器,由于各绕组的容量不同,厂家提供的短路损耗数据不是额定情况下的数据,而是使绕组中容量较大的一个绕组达到 $I_N/2$ 的电流、容量较小的一个绕组达到它本身的额定电流时,测得的这两绕组间的短路损耗,所以应先将两绕组间的短路损耗数据折合为额定电流下的值,再运用上述公式求取各绕组的短路损耗和电阻。

例如,对变量比为 100/50/100 的变压器,厂家提供的短路损耗 ΔP_{k1-2}、ΔP_{k2-3} 都是第二绕组中流过它本身的额定电流,即1/2 变压器额定电流时测得的数据。因此应首先将它们归算到对应于变压器的额定电流时的短路损耗,即

$$\Delta P_{k1-2} = \left(\frac{I_N}{I_N/2}\right)^2 \Delta P'_{k1-2} = \left(\frac{S_{N1}}{S_{N2}}\right)$$

$$\Delta P'_{k1-2} = \left(\frac{100}{50}\right)^2 \Delta P'_{k1-2} = 4\Delta P'_{k1-2}$$

$$\Delta P_{k2-3} = \left(\frac{I_N}{I_N/2}\right)^2 \Delta P'_{k2-3} = \left(\frac{S_{N3}}{S_{N2}}\right)$$

$$\Delta P'_{k2-3} = \left(\frac{100}{50}\right)^2 \Delta P'_{k2-3} = 4\Delta P'_{k2-3}$$

$$\Delta P_{k3-1} = \Delta' P_{k3-1}$$

然后再按式(2-1-5)及式(2-1-6)求得各绕组的电阻。

（2）电抗 X_{T1}、X_{T2}、X_{T3}

由于短路电压一般都已折算为与变压器的额定容量相对应的值，因而不管变压器各绕组的容量比如何，都可利用制造厂或有关手册提供的两个绕组之间的短路电压 $U_{k1-2}\%$、$U_{k2-3}\%$、$U_{k3-1}\%$，直接应用式(2-1-7)～式(2-1-9)，计算各绕组的电抗。由于各绕组之间的短路电压分别为

$$\begin{gathered} U_{k1-2}\% = U_{k1}\% + U_{k2}\% \\ U_{k2-3}\% = U_{k2}\% + U_{k3}\% \\ U_{k3-1}\% = U_{k1}\% + U_{k3}\% \end{gathered} \right\} \tag{2-1-7}$$

利用式(2-1-7)即可解得各个绕组的短路电压百分数为

$$U_{k1}\% = \frac{1}{2}(U_{k1-2}\% + U_{k3-1}\% - U_{k2-3}\%)$$

$$U_{k2}\% = \frac{1}{2}(U_{k1-2}\% + U_{k2-3}\% - U_{k3-1}\% \%) \right\} \tag{2-1-8}$$

$$U_{k3}\% = \frac{1}{2}(U_{k3-1}\% + U_{k2-3}\% - U_{k1-2}\%)$$

再利用式(2-1-8)，即可求得各个绕组的电抗为

$$X_{T1} = \frac{U_{k1}\% U_N^2}{S_N} \times 10^3$$

$$X_{T2} = \frac{U_{k2}\% U_N^2}{S_N} \times 10^3 \right\} \tag{2-1-9}$$

$$X_{T3} = \frac{U_{k3}\% U_N^2}{S_N} \times 10^3$$

　　三绕组变压器按其三个绕组在铁心上排列方式的不同,有两种不同的结果,即升压结构和降压结构,图 2-6 所示为三绕组变压器绕组的两种排列方式。高、中、低压绕组分别用 1、2、3 表示,图 2-7 所示为升、降压结构变压器的等值电路示意图。

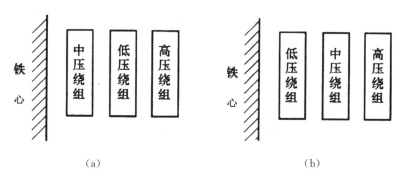

(a)　　　　　　　　　　　　　　　　　(b)

图 2-6　三绕组变压器绕组的两种排列方式

(a)升压结构;(b)降压结构

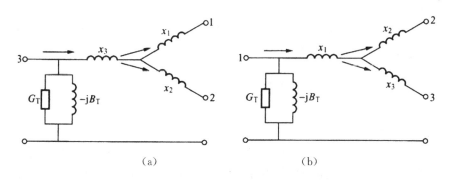

(a)　　　　　　　　　　　　　　　　　(b)

图 2-7　升、降压结构变压器的等值电路示意图

(a)升压结构的等值电路;(b)降压结构的等值电路

　　图 2-6(a)示出了第一种升压结构的排列方式,此时高压绕组与中压绕组之间间隙相对较大,即漏磁通道较大,相应的短路电压 $U_{k1-2}\%$ 也大。此种排列方式使低压侧绕组与高、中侧压绕组的联系紧密,有利于功率由低压侧向高、中压侧传送,因此常用于升压变压器,此种结构也称为升压结构。由图 2-6(a)可以看出,在低压绕组电抗上通过的是全功率,功率由低压侧绕组向中、高压侧传送,两个交换功率的绕组之间,其漏磁通道均较小,这样

$U_{k2-3}\%$、$U_{k3-1}\%$ 都较小。

图 2-6(b)示出了第二种降压结构的排列方式,此时高、低压绕组间间隙相对较大,即漏磁通道较大,相应的短路电压 $U_{k3-1}\%$ 也大,此种绕组排列使高压绕组与中压绕组联系紧密,有利于功率从高压侧向中压侧传送,因此常用于降压变压器,此种结构也称降压结构。由图 2-6(b)可以看出,功率由高压侧向中、低压侧传送。若从高压侧来的功率主要是通过中压绕组外送,则应选这种排列方式的变压器。

2.1.2 输电线路的等效电路和参数计算

输电线路的电气参数是指线路的电阻、电导、电感(电抗)和电容(电纳),其中,后两项是由交变磁场引起。输电线路是均匀分布参数的电路,即它的电阻、电导、电感(电抗)和电容(电纳)都是沿线路长度均匀分布。正确计算这些参数是线路电气计算的基础。本节所介绍的计算方法主要适用于架空线路,对电缆线路的参数计算及等效电路。

1.输电线路的参数计算

(1)线路的电阻

当电流通过导体时所受到的阻力称为该导体的电阻,它能够反映线路通过电流时产生的有功功率损失效应。输电线路的电阻用 r_1 表示,单位为 Ω/km,按式(2-1-10)计算

$$r_1 = \frac{\rho}{S} \tag{2-1-10}$$

式中,ρ 为电阻率,$\Omega\text{mm}^2/\text{km}$;$S$ 为线路截面积,mm^2。

采用式(2-1-10)计算输电线路电阻时,①因电路中存在趋势肤效应和邻近效应,使得交流线路电阻值比直流线路电阻值大,交流电阻值增加 $0.2\%\sim1\%$;②输电线路采用多股绞线的电阻率要比单股绞线的电阻率高 $0.02\sim0.03$;③输电线路的额定截面积要比实际截面积大,在计算时应适当增大电阻率,防止计算结果

误差较大。

（2）线路的电抗

线路的电抗是指输电线路在输送功率的过程中，线路中的交流电流会在周围空间中产生磁场所对应的等效参数。它反映了载流线路周围产生的磁场效应。

线路的电抗可根据线路的交变磁场来计算。设导线的半径为 r，三相导线 A、B、C 之间的距离分别为 D_{ab}、D_{bc}、D_{ac}，如图 2-8（a）所示，则可写出与 a 相单位长度导线相交链的磁链 $\dot{\Psi}_a$ 为

$$\dot{\Psi}_a = \int_r^{D\to\infty} \frac{\mu_0}{2\pi r}\dot{I}_a \mathrm{d}r + \int_{D_{ab}}^{D\to\infty} \frac{\mu_0}{2\pi r}\dot{I}_b \mathrm{d}r + \int_{D_{ac}}^{D\to\infty} \frac{\mu_0}{2\pi r}\dot{I}_c \mathrm{d}r$$

$$= \frac{\mu_0}{2\pi}\left[\dot{I}_a\ln\frac{D}{r} + \dot{I}_b\ln\frac{D}{D_{ab}} + \dot{I}_c\ln\frac{D}{D_{ac}}\right]_{D\to\infty}$$

式中，$\mu_0 = 4\pi\times10^{-7}$，为空气的导磁系数，H/m。

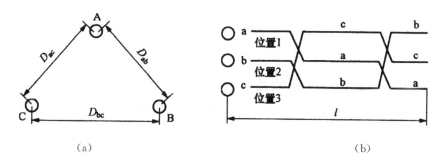

(a)   (b)

图 2-8 三相导线布置

(a)三相导线不对称排列；(b)三相输电线换位

b 相和 c 相单位长度导线相交链的磁链 $\dot{\Psi}_b$ 和 $\dot{\Psi}_c$ 的计算过程与 $\dot{\Psi}_a$ 类似，可得

$$\dot{\Psi}_b = \frac{\mu_0}{2\pi}\left[\dot{I}_a\ln\frac{D}{D_{ab}} + \dot{I}_b\ln\frac{D}{r} + \dot{I}_c\ln\frac{D}{D_{bc}}\right]_{D\to\infty}$$

$$\dot{\Psi}_c = \frac{\mu_0}{2\pi}\left[\dot{I}_a\ln\frac{D}{D_{ac}} + \dot{I}_b\ln\frac{D}{D_{bc}} + \dot{I}_c\ln\frac{D}{r}\right]_{D\to\infty}$$

当线路完全换位时，导线在各个位置的长度为总长度的 1/3，如图 2-8（b）所示。此时与 a 相导线相交链的磁链将由处于位置 1 时的磁链 $\dot{\Psi}_{a1}$，处于位置 2 时的磁链 $\dot{\Psi}_{a2}$ 以及处于位置 3 时的磁链

$\dot{\Psi}_{a3}$三部分组成。它们分别是

$$\dot{\Psi}_{a1}=\frac{1}{3}\frac{\mu_0}{2\pi}\left[\dot{I}_a\ln\frac{D}{r}+\dot{I}_b\ln\frac{D}{D_{ab}}+\dot{I}_c\ln\frac{D}{D_{ac}}\right]_{D\to\infty}$$

$$\dot{\Psi}_{a2}=\frac{1}{3}\frac{\mu_0}{2\pi}\left[\dot{I}_a\ln\frac{D}{D_{ab}}+\dot{I}_b\ln\frac{D}{r}+\dot{I}_c\ln\frac{D}{D_{bc}}\right]_{D\to\infty}$$

$$\dot{\Psi}_{a3}=\frac{1}{3}\frac{\mu_0}{2\pi}\left[\dot{I}_a\ln\frac{D}{D_{ac}}+\dot{I}_b\ln\frac{D}{D_{bc}}+\dot{I}_c\ln\frac{D}{r}\right]_{D\to\infty}$$

而与 a 相导线相交链的总磁通 $\dot{\Psi}_a$ 将为

$$\dot{\Psi}_a=\dot{\Psi}_{a1}+\dot{\Psi}_{a2}+\dot{\Psi}_{a3}$$

$$=\frac{1}{3}\frac{\mu_0}{2\pi}\left[\dot{I}_a\ln\frac{D^3}{r^3}+\dot{I}_b+\dot{I}_c\ln\frac{D^3}{D_{ab}D_{bc}D_{ac}}\right]_{D\to\infty}$$

$$=\frac{\mu_0}{2\pi}\left[\dot{I}_a\ln\frac{D}{r}+(\dot{I}_b+\dot{I}_c)\ln\frac{D}{D_{ab}D_{bc}D_{ac}}\right]_{D\to\infty}$$

$$=\frac{\mu_0}{2\pi}\left[\dot{I}_a\ln\frac{D}{r}+(\dot{I}_b+\dot{I}_c)\ln\frac{D}{D_{ge}}\right]_{D\to\infty}$$

$$(2\text{-}1\text{-}11)$$

$$D_{ge}=\sqrt[3]{D_{ab}D_{bc}D_{ac}}$$

式中，D_{ge} 为三相导线间的几何均距。

由于 $\dot{I}_a+\dot{I}_b+\dot{I}_c=0$，式(2-1-11)可改写为

$$\dot{\Psi}_a=\frac{\mu_0}{2\pi}\dot{I}_a\ln\frac{D_{ge}}{r}$$

据此可得经完全换位的三相线路，每相导线单位长度的电感为

$$L=\frac{\dot{\Psi}_a}{\dot{I}_a}=\frac{\mu_0}{2\pi}\ln\frac{D_{ge}}{r}(\text{H/m})$$

每相导线单位长度的电抗为

$$x_1=\omega L=\omega\frac{\mu_0}{2\pi}\ln\frac{D_{ge}}{r}(\Omega/\text{m}) \qquad (2\text{-}1\text{-}12)$$

三相导线排列的方式不同，D_{ge} 的取值就不同。图 2-9 所示为导线水平排列，此时有 $D_{ab}=D_{bc}=D$，$D_{ac}=2D$，代入式(2-1-12)可得 $D_{ge}=\sqrt[3]{D\times D\times 2D}=1.26D$；图 2-10 所示为导线等边三角形排列，此时有 $D_{ab}=D_{bc}=D_{ac}=D$，$D_{ge}=D$。

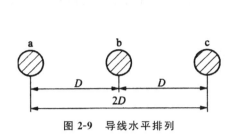

图 2-9　导线水平排列

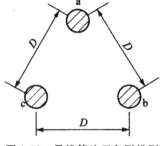

图 2-10　导线等边三角形排列

上述计算电抗的过程中忽略了导线的内感,若将其计入,则有

$$x_1 = \omega \frac{\mu_0}{2\pi} \left(\ln \frac{D_{ge}}{r} + \frac{1}{4} \mu_r \right) (\Omega/m) \tag{2-1-13}$$

式中,μ_r 为导线材料的相对导磁系数。

如将 $\mu_0 = 4\pi \times 10^{-7} H/m$,$\omega = 2\pi f = 314$,$\mu_r = 1$ 代入式(2-1-13),并将以 e 为底的自然对数变换为以 10 为底的常用对数,即可得

$$x_1 = 2\pi f \left(4.6 \lg \frac{D_{ge}}{r} + 0.5 \right) \times 10^{-4} = 0.1445 \lg \frac{D_{ge}}{r} + 0.0157 (\Omega/km)$$

$$\tag{2-1-14}$$

即使采用分裂导线,用等效半径 r_{eq} 替代式(2-1-14)中的 r,依然可得出线路的电抗。

$$r_{eq} = \sqrt[m]{r \prod_{k=2}^{m} d_{1k}}$$

式中,m 为每相导线的分裂根数;r 为分裂导线的每一根子导线的半径;d_{1k} 为分裂导线一相中第 1 根与第 k 根子导线之间的距离,$k = 2, 3, \cdots, m$。

由此可得,经过完全换位后的分裂导线,线路的每相单位长度的电抗为

$$x_1 = 0.1445 \lg \frac{D_{ge}}{r} + \frac{0.0157}{m} \tag{2-1-15}$$

(3)线路的电纳

输电线路的电纳取决于导线周围的电场分布,与导线是否导磁无关。因此,各类导线线路电纳的计算方法都相同。输电线路

的电纳正是线路与线路或线路与大地之间存在电容的反映。

三相输电线路对称排列或虽不对称排列但经完全换位后，每相导线单位长度的等值电容（F/km）为

$$c_1 = \frac{0.024}{\lg \dfrac{D_{ge}}{r}} \times 10^{-6}$$

因而，相应的电纳（S/km）为

$$b_1 = 2\pi f c_1 = 2\pi \times 50 \times \frac{0.024}{\lg \dfrac{D_{ge}}{r}} \times 10^{-6} = \frac{7.58}{\lg \dfrac{D_{ge}}{r}} \times 10^{-6}$$

$$(2\text{-}1\text{-}16)$$

从式（2-1-16）可以看出：导线在杆塔上的布置方式及导线的截面积大小对线路电纳值影响不大。架空线路或是采用分裂导线的线路均可采用式（2-1-16）进行计算，但此时的导线半径 r 应以等效半径 r_{eq} 替代。

（4）线路的电导

输电线路在输送功率的过程中，电流在周围绝缘介质中的功率损耗称为线路的电导。它主要反映了电晕现象[①]产生的有功功率损失。

电晕产生的条件与导线上施加的电压大小、导线的结构以及导线周围的空气情况有关。当线路上施加的电压高到某一数值时，导线上就会产生电晕，这一电压称为电晕起始电压或电晕临界电压 U_{cr}。U_{cr} 的经验计算公式为

$$\left. \begin{aligned} U_{cr} &= 84 m_1 m_2 r \delta \left(1 + \frac{0.301}{r\delta}\right) \lg \frac{D_{ge}}{r} \\ \delta &= \frac{2.89 \times 10^{-3} p}{273 + t} \end{aligned} \right\}$$

式中，m_1 为导线表面光滑系数，当单导线表面光滑时，$m_1 = 1$；当单导线磨损时，根据磨损程度，$m_1 = 0.98 \sim 0.93$；线路为多绞线

---

① 电晕现象是在强电场作用下导线周围空气中发生游离放电的现象。在游离放电时导线周围的空气会产生蓝紫色的荧光，发出"吱吱"的放电声以及由电化学作用产生的臭氧（O_3），这些都要消耗有功电能，构成电晕损耗。

时，$m_1 = 0.87 \sim 0.83$。m_2 为天气状况系数，对于干燥晴朗的天气，$m_2 = 1$，在最恶劣的情况下，$m_2 = 0.8$；δ 为空气相对密度，当温度 $t = 20℃$，大气压 $p = 1.014 \times 10^5 Pa$（即 76cmHg）时，$\delta = 1$。

当线路实际电压高于电晕临界电压时，可采用式（2-1-17）计算每相单位长度的电导，即

$$g_1 = \frac{\Delta P_g}{U^2} \times 10^{-3} \qquad (2\text{-}1\text{-}17)$$

2. 输电线路的等效电路

在实际应用中，根据输电线路的距离，有三种类型的等效电路。

（1）短距离输电线路

短距离输电线路的长度小于 100km，电压等级小于 35kV，线路的电纳、电导和电容的影响不大，可省略，电阻和电抗用集中参数来处理，得到如图 2-11 所示的一字形等效电路。

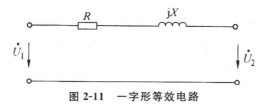

图 2-11　一字形等效电路

（2）中距离输电线路

中距离输电线路的长度在 $100 \sim 300km$，此时，线路电导的影响可忽略，但电容的影响要进行考虑，同时将电纳、电阻和电抗用集中参数处理，得到 Ⅱ 形和 T 形两种等效电路，图 2-12 所示为中距离输电线路等效电路。实际应用中，Ⅱ 形等效电路使用较多。

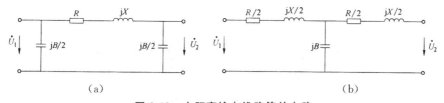

　　　（a）　　　　　　　　　　　　　　　　　（b）

图 2-12　中距离输电线路等效电路

（a）Ⅱ 形等效电路；（b）T 形等效电路

（3）远距离输电线路（长线）

远距离输电线路的长度超过 300km，必须按照符合线路实际参数均匀分布情况的分布参数等效电路来进行计算，图 2-13 所示为远距离输电线路的分布参数等效电路，其中的电阻、电抗、电导和电纳均为单位长度上的数值。

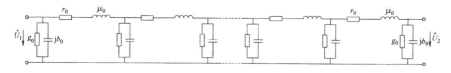

图 2-13　远距离输电线路的分布参数等效电路

2.2　电力系统的等效电路

2.1 节讨论了电力系统主要元件的等效电路和参数计算，这些是构成整个电力系统等效电路的重要组成部分。但电力系统的等效电路并非各元件的等效电路和参数直接相连这么简单，而是将各元件的参数归算到同一电压等级再进行连接，才能称为电力系统的等效电路。

参数归算时的电压等级称为基本级，实际计算中，一般选取系统的最高电压等级为基本级。图 2-14（a）所示为简单电力系统接线图，如果选 220kV 电压等级为基本级，将各元件的参数全部归算到基本级后，即可连成系统的等值电路，图 2-14（b）所示为简单电力系统的等值电路。

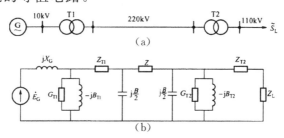

（a）

（b）

图 2-14　简单电力系统及等值电路

（a）接线图；（b）等值电路

元件参数在电力系统的等效电路的表示方式有两种,一是采用有名值,二是采用标幺值,根据实际计算需要决定。

2.3　电力系统的稳态运行

2.3.1　电网元件的功率损耗

电网元件的功率损耗主要包括线路的功率损耗和变压器功率损耗。图 2-15 所示为输电线路的Ⅱ形等效电路,其具有集中参数和集中负荷的电路。

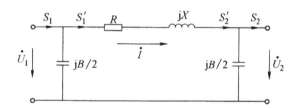

图 2-15　输电线路的Ⅱ形等效电路

1. 线路的功率损耗

(1)线路电阻上的功率损耗

线路电阻消耗有功功率,用 ΔP_L 表示,则由图 2-15 可知

$$\Delta P_L = 3I^2 R_L \tag{2-3-1}$$

若电流 I 用首端电压计算,对应功率为首端流入阻抗支路的功率 S'_1,则

$$I = \frac{S'_1}{\sqrt{3} U_1}$$

代入式(2-3-1),有

$$\Delta P_L = 3 \times \frac{S'^2_1}{3 \times U^2_1} R_L = \frac{S'^2_1}{U^2_1} R_L = \frac{P'^2_1 + Q'^2_1}{U^2_1} R_L$$

若电流 I 用末端电压计算,对应功率为末端流出阻抗支路的

功率 S'_2，则

$$I = \frac{S'_2}{\sqrt{3}U_2}$$

代入式(2-3-1)，有

$$\Delta P_{\mathrm{L}} = \frac{P'^2_2 + Q'^2_2}{U^2_2} R_{\mathrm{L}}$$

（2）线路电抗上的功率损耗

线路电抗消耗感性无功功率，用 ΔQ_{L} 表示。按照线路电阻功率损耗的计算过程计算线路电抗的功率损耗为

$$\Delta Q_{\mathrm{L}} = \frac{P'^2_1 + Q'^2_1}{U^2_1} X_{\mathrm{L}} = \frac{P'^2_2 + Q'^2_2}{U^2_2} X_{\mathrm{L}}$$

于是，线路阻抗支路产生的功率损耗若用视在功率 ΔS_{L} 表示，则有

$$\Delta S_{\mathrm{L}} = \Delta P_{\mathrm{L}} + \mathrm{j}\Delta Q_{\mathrm{L}} = \frac{S'^2_1}{U^2_1}(R_{\mathrm{L}} + \mathrm{j}X_{\mathrm{L}}) = \frac{S'^2_1}{U^2_1}(R_{\mathrm{L}} + \mathrm{j}X_{\mathrm{L}})$$

（3）线路电纳上的功率损耗

线路电纳消耗容性无功功率，由图 2-15 可知线路电纳一分为二连接于线路首末两端，所消耗的功率可分别用 ΔQ_{B1}、ΔQ_{B2} 表示，则

$$\Delta Q_{\mathrm{B1}} = -3 \times \frac{B_{\mathrm{L}}}{2} U^2_{\mathrm{1ph}} = -3 \times \frac{B_{\mathrm{L}}}{2}\left(\frac{U_1}{\sqrt{3}}\right)^2 = -\frac{B_{\mathrm{L}}}{2} U^2_1$$

同理可得

$$\Delta Q_{\mathrm{B2}} = -\frac{B_{\mathrm{L}}}{2} U^2_2$$

由于电网在运行时要求负荷点电压不能偏离相应的线路额定电压太多，所以在近似计算中，可认为 ΔQ_{B1}、ΔQ_{B2} 相等，即

$$\Delta Q_{\mathrm{B1}} = \Delta Q_{\mathrm{B2}} = -\frac{B_{\mathrm{L}}}{2} U^2_{\mathrm{N}}$$

（4）线路电导上的功率损耗

线路电导上的功率损耗就是电晕损耗，为有功功率损耗。因为高压输电线路常采用分裂导线或扩径导线来避免电晕损耗的产生，而低压输电线路因运行电压低本身就不可能产生电晕损

耗,所以通常情况下线路电导上的功率损耗不用计算。

2. 变压器的功率损耗

变压器的功率损耗包括阻抗的功率损耗与导纳的功率损耗两部分。对于图 2-16 所示的双绕组变压器等值电路,只要阻抗及导纳均已求出,便可求出功率损耗。

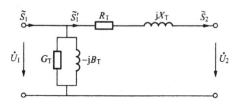

图 2-16　双绕组变压器等值电路

(1)阻抗的功率损耗

双绕组变压器阻抗的功率损耗可以套用线路电阻、电抗功率损耗的计算过程,即

$$\Delta P_{TR}=\frac{P_2^2+Q_2^2}{U_2^2}R_T \qquad \Delta Q_{TX}=\frac{P_2^2+Q_2^2}{U_2^2}X_T$$

或

$$\Delta P_{TR}=\frac{P_1^2+Q_1^2}{U_1^2}R_T \qquad \Delta Q_{TX}=\frac{P_1^2+Q_1^2}{U_1^2}X_T$$

对于三绕组变压器,应用这些公式同样可以求出各侧绕组的功率损耗,即

$$\Delta \widetilde{S}_{T1}=\Delta P_{TR1}+j\Delta Q_{TX1}=\frac{P_1^2+Q_1^2}{U_1^2}R_{T1}+j\frac{P_1^2+Q_1^2}{U_1^2}X_{T1}$$

$$\Delta \widetilde{S}_{T2}=\Delta P_{TR2}+j\Delta Q_{TX2}=\frac{P_2^2+Q_2^2}{U_1^2}R_{T2}+j\frac{P_2^2+Q_2^2}{U_1^2}X_{T2}$$

$$\Delta \widetilde{S}_{T3}=\Delta P_{TR3}+j\Delta Q_{TX3}=\frac{P_3^2+Q_3^2}{U_1^2}R_{T3}+j\frac{P_3^2+Q_3^2}{U_1^2}X_{T3}$$

式中,$\Delta \widetilde{S}_{T1}$、$\Delta \widetilde{S}_{T2}$、$\Delta \widetilde{S}_{T3}$ 分别为绕组 1、2、3 的功率损耗,kVA;P_1、P_2、P_3 分别为绕组 1、2、3 的负荷有功功率,kW;Q_1、Q_2、Q_3 分别为绕组 1、2、3 的负荷无功功率,var;R_{T1}、R_{T2}、R_{T3} 分别为归算到绕组 1 侧的绕组 1、2、3 的等值电阻,Ω;X_{T1}、X_{T2}、X_{T3} 分别为归算到

绕组 1 侧的绕组 1、2、3 的等值电抗，Ω；U_1 为绕组 1 的额定电压，kV。

（2）电纳的功率损耗

$$\Delta P_{TG} = G_T U_1^2 \qquad \Delta Q_{TB} = B_T U_1^2$$

变压器电纳的无功功率损耗是感性的，所以符号为正。

在有些情况下，如不必求取变压器内部的电压降，这时功率损耗可直接由制造厂家提供的短路和空载试验数据求得，即

$$\left.\begin{array}{l} \Delta P_{TR} = \dfrac{\Delta P_k U_N^2 S_2^2}{U_2^2 S_N^2} \\[3mm] \Delta Q_{TX} = \dfrac{U_k\% \, U_N^2 S_2^2}{100 U_2^2 S_N} \\[3mm] \Delta P_{TG} = \dfrac{\Delta P_0 U_1^2}{U_N^2} \\[3mm] \Delta Q_{TB} = \dfrac{I_0\% \, U_1^2 S_N}{100 U_N^2} \end{array}\right\}$$

实际计算时通常设 $U_1 = U_N$、$U_2 = U_N$，所以这些公式可简化为

$$\left.\begin{array}{l} \Delta P_{TR} = \dfrac{\Delta P_k S_2^2}{S_N^2} \\[3mm] \Delta Q_{TX} = \dfrac{U_k\% \, S_2^2}{100 S_N} \\[3mm] \Delta P_{TG} = \Delta P_0 \\[3mm] \Delta Q_{TB} = \dfrac{I_0\% \, S_N}{100} \end{array}\right\}$$

式中，ΔP_k、ΔP_0 分别为变压器的短路损耗和空载损耗，kW；$U_k\%$、$I_0\%$ 分别为变压器的短路电压百分数和空载电流百分数；S_N 为变压器的额定容量，kVA；S_2 为变压器负荷的视在功率，kVA。

在用以上公式计算阻抗、导纳中的功率损耗时，所利用的制造厂提供的试验数据皆以 kW 或 kvar 表示，而电力系统潮流计算有时可取 MW、Mvar 为单位，此时要注意，需将公式中的单位换算一致。

最后，配电网的总有功功率损耗和总无功功率损耗应是所有

线路和变压器的有功功率、无功功率损耗之和。

2.3.2 电网环节的功率平衡和电压平衡

1. 电压降落、电压损耗

(1)电压降落

电网任意两点电压的相量差称为电压降落,记为 $\Delta \dot{U}$。在图 2-15 中,当阻抗支路中有电流(或功率)传输时,首端电压 $\dot{U}_1$ 和末端电压 $\dot{U}_2$ 就不相等,它们之间的电压降落可表示为

$$\Delta \dot{U} = \dot{U}_1 - \dot{U}_2 = \sqrt{3}\dot{I}_2(R+jX) = \sqrt{3}\dot{I}_1(R+jX)$$

若已知环节末端电流 $\dot{I}_2$ 或三相功率 $\dot{S}_2$ 和末端线电压 $\dot{U}_2 = U_2 \angle 0°$,则可画出如图 2-17(a)所示线路电压相量图。图 2-17(a) 中的 $\overline{AE}$ 即为电压降落 $\Delta \dot{U}$。

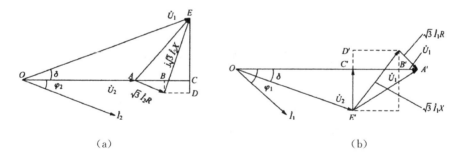

(a)　　　　　　　　　　　　(b)

图 2-17　线路电压相量图

(a)由 $\dot{U}_2$、$\dot{I}_2$ 求 $\dot{U}_1$;(b)由 $\dot{U}_1$、$\dot{I}_1$ 求 $\dot{U}_2$

将 $\Delta \dot{U}$ 分解为沿 $\dot{U}_2$ 方向的电压降落纵分量 ΔU_2(图中 $\overline{AC}$ 段) 和垂直于 $\dot{U}_2$ 的电压降落横分量 δU_2(图中的 $\overline{EC}$ 段),可写出

$$\left. \begin{aligned} \Delta U_2 &= \overline{AB} + \overline{BC} = \sqrt{3}I_2 R\cos\varphi_2 + \sqrt{3}I_2 X\sin\varphi_2 \\ \delta U_2 &= \overline{ED} - \overline{CD} = \sqrt{3}I_2 X\cos\varphi_2 - \sqrt{3}I_2 R\sin\varphi_2 \end{aligned} \right\} \quad (2\text{-}3\text{-}2)$$

注意到 $\dot{S}_2 = P_2 + jQ_2 = \sqrt{3}I_2\cos\varphi_2 + j\sqrt{3}I_2\sin\varphi_2$,则式(2-3-2) 可改写为

$$\left.\begin{aligned}\Delta U_2 &= \frac{P_2 R + Q_2 X}{U_2} \\ \delta U_2 &= \frac{P_2 X - Q_2 R}{U_2}\end{aligned}\right\} \qquad (2\text{-}3\text{-}3)$$

据此可得线路首端电压$\dot{U}_1$为

$$\dot{U}_1 = \dot{U}_2 + \Delta\dot{U} = \dot{U}_2 + \Delta\dot{U}_2 + \mathrm{j}\delta U_2 = U_1\angle\delta \qquad (2\text{-}3\text{-}4)$$

或

$$\dot{U}_1 = \sqrt{(U_2 + \Delta U_2)^2 + (\delta U_2)^2}$$

首、末端电压的相位差则为

$$\delta = \arctan\frac{\delta U_2}{U_2 + \Delta U_2}$$

同理,若已知环节首端电流$\dot{I}_1$或三相功率$\dot{S}_1$和环节首端线电压$\dot{U}_1 = U_1\angle 0°$,则可得如图 2-17(b)所示电压相量图。由图 2-17(b)可知

$$\dot{U}_2 = \dot{U}_1 - \Delta U_2 + \mathrm{j}\delta U_1$$

或

$$U_2 = \sqrt{(U_1 - \Delta U_1)^2 + (\delta U_1)^2}$$

其中

$$\left.\begin{aligned}\Delta U_1 &= \overline{A'B'} + \overline{B'C'} = \sqrt{3}\,I_2 R\cos\varphi_2 + \sqrt{3}\,I_2 X\sin\varphi_2 \\ \delta U_1 &= \overline{E'D'} - \overline{C'D'} = \sqrt{3}\,I_2 X\cos\varphi_2 - \sqrt{3}\,I_2 R\sin\varphi_2\end{aligned}\right\}$$

或

$$\left.\begin{aligned}\Delta U_1 &= \frac{P_1 R + Q_1 X}{U_1} \\ \delta U_1 &= \frac{P_1 X - Q_1 R}{U_1}\end{aligned}\right\} \qquad (2\text{-}3\text{-}5)$$

式(2-3-3)和式(2-3-5)中的 P、Q 一般应为同一点的值。当已知功率(或电流)和电压为非同一点值时,也可用线路额定电压代替实际运行电压近似计算电压降落的纵、横分量。如果通过线路环节的无功功率为容性时,则式(2-3-3)和式(2-3-5)中的 Q 需改用 $-Q$ 进行计算。

综上所述可知,对于同一线路环节,虽然用首端或是末端负荷功率与电压计算的电压降落值是相等的,即 $\Delta \dot{U}_1 = \Delta \dot{U}_2 = \Delta \dot{U}$,但是电压降落的纵分量和横分量则是不相等的,即 $\Delta U_1 \neq \Delta U_2$,$\delta U_1 \neq \delta U_2$,如图 2-18 所示。

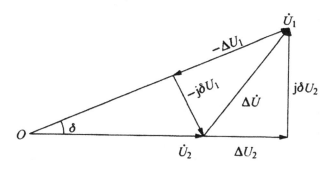

图 2-18　电压降落向量的两种分解法

（2）电压损耗

电网中任意两点电压的代数差,称为电压损耗。对于图 2-15（b）所示的线路等效电路,其电压损耗为 $|\dot{U}_1| - |\dot{U}_2|$。由图 2-17（a）可得

$$U_1 = \sqrt{(U_2 + \Delta U_2)^2 + (\delta U_2)^2} \qquad (2\text{-}3\text{-}6)$$

将式（2-3-6）按泰勒级数展开,取前两项可得

$$U_1 = U_2 + \Delta U_2 + \frac{(\delta U_2)^2}{2(U_2 + \Delta U_2)} \qquad (2\text{-}3\text{-}7)$$

由于 $\Delta U_2 \ll U_2$,故式（2-3-7）可简化为

$$U_1 = U_2 + \Delta U_2 + \frac{(\delta U_2)^2}{2U_2} \qquad (2\text{-}3\text{-}8)$$

据式（2-3-8）可得

$$U_1 - U_2 = \Delta U_2 + \frac{(\delta U_2)^2}{2U_2} \qquad (2\text{-}3\text{-}9)$$

式（2-3-9）可用于 110kV 以上电网电压损耗的计算,其精确度能满足工程要求。

对于 110kV 及以下电压等级的电网,可进一步忽略电压降落横分量 δU_2 而将电压损耗的计算简化为

$$U_1 - U_2 \approx \Delta U_2$$

此种情况下的电压损耗即为电压降落的纵分量。

同理,由图 2-17(b)可得

$$U_1 - U_2 \approx \Delta U_1 - \frac{(\delta U_1)^2}{2(U_1 - \Delta U_1)} \approx \Delta U_1 - \frac{(\delta U_1)^2}{2U_1}$$

或

$$U_1 - U_2 \approx \Delta U_1$$

工程实际中,线路电压损耗常用线路额定电压 U_N 的百分数 $\Delta U\%$ 表示,即

$$\Delta U\% = \frac{\Delta U}{U_N} \times 100 = \frac{U_1 - U_2}{U_N} \times 100$$

电压损耗百分数的大小反映了线路首端和末端电压偏差的大小。电力规程规定,电网正常运行时的最大电压损耗一般不应超过线路额定电压的 10%。

2. 电网环节首、末端功率和首、末端电压的平衡关系

（1）已知线路末端的负荷功率 $\dot{S}_{LD}$ 和线路末端电压 $\dot{U}_2$

①功率平衡关系。根据已知线路末端的负荷功率 $\dot{S}_{LD}$ 和线路末端电压 $\dot{U}_2$,可列写出图 2-15 所示线路 Ⅱ 形等效电路的功率平衡关系。

线路环节末端功率为

$$\begin{aligned}\dot{S}_2 &= \dot{S}_{LD} + (-jQ_{C2}) = (P_{LD} + jQ_{LD}) + (-jQ_{C2}) \\ &= P_{LD} + j(Q_{LD} - Q_{C2}) \\ &= P_2 + jQ_2\end{aligned}$$

线路环节中的功率损耗为

$$\Delta \dot{S} = \frac{P_2^2 + Q_2^2}{U_2^2}(R + jX) = \Delta P + j\Delta Q$$

线路环节首端功率为

$$\begin{aligned}\dot{S}_1 &= \dot{S}_2 + \Delta \dot{S} = (P_2 + jQ_2) + (\Delta P + j\Delta Q) \\ &= (P_2 + \Delta P) + j(Q_2 + \Delta Q) \\ &= P_1 + jQ_1\end{aligned}$$

线路的首端功率为

$$\dot{S}'_1 = \dot{S}_1 + (-jQ_{C1}) = (P_1 + jQ_1) + (-jQ_{C1})$$
$$= P_1 + j(Q_1 - Q_{C1})$$
$$= P'_1 + jQ'_1$$

②电压平衡关系。以已知电压 $\dot{U}_2 = U_2 \angle 0°$ 为参考相量,应用式(2-3-3)和式(2-3-4)可得图 2-15 所示线路环节的电压平衡关系为

$$\dot{U}_1 = \dot{U}_2 + \Delta U_2 + j\delta U_2 = U_2 + \frac{P_2 R + Q_2 X}{U_2} + j\frac{P_2 R - Q_2 X}{U_2}$$

(2)已知线路首端功率 $\dot{S}'_1$ 和线路首端电压 $\dot{U}_1$

这种条件下的功率平衡与电压平衡关系可按(1)中的方法,从首端至末端进行类似分析。

(3)已知线路末端负荷功率 $\dot{S}_{LD}$ 和线路首端电压 $\dot{U}_1$

工程实际中的大多数情况都属于此类计算,其功率平衡和电压平衡计算一般分两步进行。

第一步,根据 $\dot{S}_{LD}$ 并用线路额定电压代替各点的实际运行电压,从线路末端到首端逐段进行功率平衡计算,直至求出供电点线路首端送出的功率 $\dot{S}'_1$ 为止。

第二步,根据给定的电压 $\dot{U}_1$ 和第一步功率平衡计算中所求出的功率,从首端到末端逐段进行电压平衡计算,直至求出用户端电压 $\dot{U}_2$。

2.4　电力系统的经济运行

电力系统经济运行的基本任务是在保证整个系统安全可靠和电能质量符合标准的前提下,尽可能提高电能生产和输送的效率,降低供电的能量消耗或供电成本。

电力系统的经济性从规划设计和运行两方面体现。在设计中要通过技术经济分析,采用高效率的发电设备,合理选择输电和配电网络的电压等级与接线方式等;在运行中则要合理分配各

发电厂的负荷,降低燃料消耗,同时合理配置无功电源以降低电网的能量损耗等。

2.4.1 电网的能量损耗

1. 电网的能量损耗率

在给定时间内,电网损耗电量[①]占供电量[②]的百分比,称为电网的损耗率,简称网损率或线损率,即

$$电网损耗率 = \frac{电网损耗电量}{供电量} \times 100\%$$

电网损耗率是电力系统的一项重要经济指标,也是衡量供电企业管理水平的一项主要标志。

由电力系统潮流计算已知,电网各元件的能量损耗通常由两部分组成:一是通过变压器或线路支路的电流所引起的损耗,这一部分为变动损耗,二是与元件两端的电压有关,与负荷大小无关的固定损耗(不计电压变化的影响),主要包括变压器的铁心损耗、电容器绝缘的介质损耗等。本节主要介绍变动损耗的计算过程和方法。

2. 能量损耗的计算方法

能量损耗的计算方法有最大负荷损耗时间法和等效功率法,本节主要介绍最大负荷损耗时间法。

图 2-19 所示为向一个集中负荷供电的线路,某线路向一个集中负荷供电,则时间 T 内线路电能损耗 ΔA 的计算式为

$$\Delta A = \int_0^T \Delta P \mathrm{d}t = \int_0^T \frac{S^2}{U^2} R \times 10^{-3} \mathrm{d}t (\mathrm{kW \cdot h}) \qquad (2\text{-}4\text{-}1)$$

---

① 在给定的时间(日、月、季或年)内,所有送电、变电和配电环节所损耗的电量,称为电网的损耗电量(或能量损耗)。

② 在给定的时间(日、月、季或年)内,系统中所有发电厂的总发电量同厂用电量之差,称为供电量。

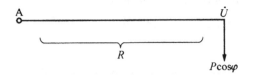

图 2-19　向一个集中负荷供电的线路

如果知道负荷曲线和功率因数,就可以做出电流(或视在功率)的变化曲线,并利用式(2-4-1)计算时间 T 内的电能损耗。

但在实际计算中,负荷曲线的数据是预计的,特别是在电网的规划设计阶段,所能得到的数据就更为粗略,因此,工程计算中常采用最大负荷损耗时间(记为 τ)法来计算能量损耗。

由于实际负荷曲线是预计的,又不能确切知道每一时刻的功率因数,因此工程中计算电能损耗时常采用一种简化的方法,即最大负荷损耗时间(记为 τ)法来计算能量损耗。

最大负荷损耗时间[①]内,线路的输送功率一直为最大负荷 $S_{\max}$,最大负荷利用小时数按一年 $365 \times 24 = 8760$ 小时计算,能量损耗 ΔA 为

$$\Delta A = \int_0^{8760} \frac{S^2}{U^2} R \times 10^{-3} \, \mathrm{d}t = \int_0^{8760} \frac{S_{\max}^2}{U^2} R\tau \times 10^{-3} \, \mathrm{d}t (\mathrm{kW \cdot h})$$

(2-4-2)

若电压 U 恒定,则有

$$\tau = \frac{\int_0^{8760} S^2 \, \mathrm{d}t}{S_{\max}^2}$$

(2-4-3)

由此可见,最大负荷损耗时间 τ 与视在功率 S 表示的负荷曲线有关。在无法确知负荷的变化曲线的场合(如在电力系统规划设计时),可根据用户的性质,查出最大负荷利用小时数,再根据最大负荷利用小时数和用户的功率因数可查出与之对应的最大负荷损耗时间,即可根据式(2-4-2)计算出线路全年的电能损耗。

---

① 在 τ 小时内的能量损耗恰好等于线路全年的实际电能损耗,则称 τ 为最大负荷损耗时间。

图 2-20 所示为接有三个负荷的线路,如果一条线路上有几个负荷点,则线路的总电能损耗就等于各段线路电能损耗之和,即

$$\Delta A = \left(\frac{S_1}{U_a}\right)^2 R_1 \tau_1 + \left(\frac{S_2}{U_b}\right)^2 R_2 \tau_2 + \left(\frac{S_3}{U_c}\right)^2 R_3 \tau_3$$

式中,S_1、S_2、S_3 分别为各段的最大负荷功率;τ_1、τ_2、τ_3 分别为各段的最大负荷损耗时间。

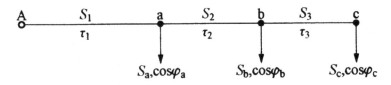

图 2-20　接有三个负荷的线路

为了求得各线段的 τ 值,需先计算出各线段的 $\cos\varphi$ 和 T_{max}。

如果已知图 2-19 中各负荷点的最大负荷利用小时数分别为 T_{maxa}、T_{maxb} 和 T_{maxc},各点最大负荷功率同时出现,且分别为 S_a、S_b 和 S_c,则可得各线段的加权平均功率因数和最大负荷利用小时数分别为

$$\cos\varphi_1 = \frac{S_a\cos\varphi_a + S_b\cos\varphi_b + S_c\cos\varphi_c}{S_a + S_b + S_c}$$

$$\cos\varphi_2 = \frac{S_b\cos\varphi_b + S_c\cos\varphi_c}{S_b + S_c}$$

$$\cos\varphi_3 = \cos\varphi_c$$

$$T_{max1} = \frac{P_a T_{maxa} + P_b T_{maxb} + P_c T_{maxc}}{P_a + P_b + P_c}$$

$$T_{max2} = \frac{P_b T_{maxb} + P_c T_{maxc}}{P_b + P_c}$$

$$T_{max3} = T_{maxc}$$

依据计算所得到的 $\cos\varphi$ 和 T_{max},就可从表 2-1 中查到相对应的 τ 值。

表 2-1　τ 和 T_{max} 的关系表

T_{max}（h）	τ（h）				
	$\cos\varphi=0.8$	$\cos\varphi=0.85$	$\cos\varphi=0.90$	$\cos\varphi=0.95$	$\cos\varphi=1.00$
2000	1500	1200	1000	800	700
2500	1700	1500	1250	1100	950
3000	2000	1800	1600	1400	1250
3500	2350	2150	2000	1800	1600
4000	2750	2600	2400	2200	2000
4500	3150	3000	2900	2700	2500
5000	3600	3500	3400	3200	3000
5500	4100	4000	3950	3750	3600
6000	4650	4600	4500	4350	4200
6500	5250	5200	5100	5000	4850
7000	5950	5900	5800	5700	5600
7500	6650	6600	6550	6500	6400
8000	7400	—	7350	—	7250

2.4.2　降低电网能量损耗的措施

为了降低电网的电能损耗,可采取各种技术措施。其中有些措施是建设电网时以及对现有电网进行技术改造时采取的措施,这往往需要增加投资。这些措施的采取需进行多方案的技术经济比较才能确定。另有一些措施可通过对现有电网合理地组织运行方式来实施,这类措施可不增加投资或少增加投资,因此,应优先考虑。从输电线和变压器的电能损耗计算公式可以看出,在电网运行中可以采取下列措施降低网络损耗。

1.减少电网中无功功率的传送

实现无功功率就地平衡,不仅可改善电压质量,而且对提高电网运行的经济性也有重大作用。功率因数的提高,线路功率损耗大幅度减少,电网损耗就可以大大降低。提高功率因素的主要途径有两个。一是合理选择异步电动机的容量,电动机容量只能选择比它所带动的机械负荷略大一些,才能保证电动机在额定功率因数附近运行;二是采用并联无功补偿装置,可实现无功功率的就地平衡,减少无功功率在电网中的传送,实现无功负荷的优化分配。

2.合理组织电网的运行方式

合理组织电网的运行方式可有效减少电网的损耗,可采取适当提高电网的运行电压水平和合理组织变压器的并联运行两种措施。

(1)适当提高电网的运行电压水平

根据计算,线路运行电压提高 5%,电能损耗约可降低 9%。为提高电网电压运行水平,可以采取同时提高电网的升、降压变压器的分接头的办法,使输电线运行于较高的电压水平。但需要注意的是,在 6~10 kV 的农村配网中,变压器的铁心损耗在整体电网损耗中所占的比重较大,此时应适当降低运行电压。

(2)合理组织变压器的并联运行

为了适应负荷的变化和提高供电的可靠性,变电所通常安装两台相同容量的变压器。对于一些重要的枢纽变电站,也可安装多台相同容量变压器。如何根据负荷的变化,确定并联运行变压器的投入台数,以减少功率损耗和电能损耗,这就是并联运行变压器的经济运行问题。当总负荷功率为 S 时,并联运行 n 台变压器的总功率损耗为

$$\Delta P_{T(n)} = n\Delta P_0 + n\Delta P_k \left(\frac{S}{nS_N}\right)^2 \qquad (2\text{-}4\text{-}4)$$

$n-1$ 台变压器并联运行时的总功率损耗为

$$\Delta P_{T(n-)} = (n-1)\Delta P_0 + (n-1)\Delta P_k \left(\frac{S}{(n-1)S_N}\right)^2$$

$$(2\text{-}4\text{-}5)$$

使得 $\Delta P_{T(n)} = \Delta P_{T(n-1)}$ 的负荷功率称为该变电站的临界负荷

功率,记为 S_{cr}。令式(2-4-4)和式(2-4-5)相等,可得变电站的临界负荷功率为

$$S_{cr} = S_N \sqrt{n(n-1)\frac{\Delta P_0}{\Delta P_k}} \qquad (2-4-6)$$

由式(2-4-6)可知,当负荷功率 $S > S_{cr}$ 时,宜投入 n 台变压器并联运行;当 $S < S_{cr}$ 时,宜投入 $n-1$ 台变压器并联运行。

3. 对原有电网实行技术改造

随着工业生产用电和城市生活用电的快速增长,负荷密度明显增加,不仅电能损耗增大,而且电能质量也下降。为此,对原有电网可进行升压改造,例如,6kV 电网升压改造为 10kV 电网,10kV 和 35kV 电网分别升压至 35kV 和 110kV 电网,能使电能损耗显著下降。

4. 合理选择导线截面积

线路的能量损耗与导线电阻成正比,按经济电流密度来选择导线截面积可以使电网功率损耗下降,使线路运行具有最好的经济效果。

2.5　电力系统短路故障分析

电力系统的短路故障数是指系统中一切不正常的相与相之间或相与地之间形成了通路。短路故障是电力系统中危害最为严重的故障,可能会造成导体熔化、设备变形或损坏、网络电压降低、电力系统的稳定性遭到破坏等严重后果。因此,对系统短路的故障分析和计算就变得尤为重要。

短路的类型有单相短路、两相短路、两相接地短路和三相短路等。当线路发生三相短路时,由于短路的三相阻抗相等,因此,三相电流和电压仍然是对称的,故三相短路又称为对称短路。其

他类型的短路不仅各相的相电流和相电压数值不等,而且各相之间的相角也不相等,这些类型的短路统称为不对称短路。在电力系统中,发生单相短路的可能性最大,发生三相短路的可能性最小;但通常三相短路的短路电流最大,危害也最严重,所以短路电流计算的重点是三相短路电流计算。

2.5.1 电力系统三相短路故障分析

1.无限大容量系统三相短路分析

无限大容量系统是指端电压保持恒定、没有内阻抗和容量无限大的系统。任何电力系统的容量与内阻抗都有一定的数值,因此当电力系统供电网络的电流变化时,系统电压将有相应的变化。由于在网络容量比系统容量小得多、且网络阻抗比系统阻抗大得多的情况下,无论电流如何变化,对电力系统电压的影响都甚小,因此在实际计算时,如果网络阻抗不超过短路回路总阻抗的 $5\% \sim 10\%$,就可以将系统看作一个无限大容量系统。

(1)短路的暂态分析

图 2-21(a)所示为无限大容量系统在 $k^{(3)}$ 点发生三相短路的示意图。由于三相短路前后均为对称电路,故可只讨论一组。

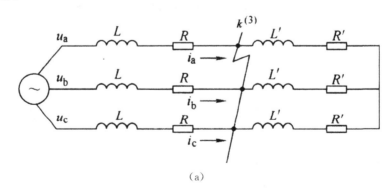

(a)

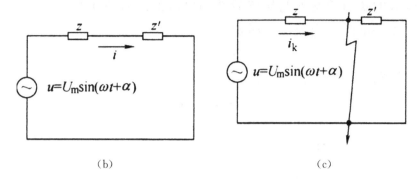

（b）　　　　　　　　　　　　　　　（c）

图 2-21　无限大容量系统三相短路及单相短路前后电路

（a）三相短路电路；（b）单相短路前电路；（c）单相短路后电路

单相短路前

$$\begin{cases} u=U_{\mathrm{m}}\sin(\omega t+\alpha) \\ i=\dfrac{U_{\mathrm{m}}}{Z+Z'}\sin(\omega t+\alpha-\varphi)=I_{\mathrm{m}}\sin(\omega t+\alpha-\varphi) \end{cases}$$

式中，φ 为发生短路以前电路的阻抗角。

单相短路后

$$\begin{cases} Ri_{\mathrm{k}}+L\dfrac{\mathrm{d}i_{\mathrm{k}}}{\mathrm{d}i}=u \\ Ri_{\mathrm{k}}+L\dfrac{\mathrm{d}i_{\mathrm{k}}}{\mathrm{d}i}=U_{\mathrm{m}}\sin(\omega t+\alpha) \end{cases}$$

该微分方程的解为

$$i=\frac{U_{\mathrm{m}}}{Z}\sin(\omega t+\alpha-\varphi)+ce^{-\frac{R}{L}t}=I_{\mathrm{pm}}\sin(\omega t+\alpha-\varphi_{\mathrm{k}})+ce^{-\frac{R}{L}t}=i_{\mathrm{p}}+i_{\mathrm{np}}$$

式中，α 为电源电压的初相位；φ_{k} 为短路电流与电压间的相位；c 为常数，其值由起始条件决定；I_{pm} 为三相短路电流周期分量的幅值；i_{p} 为三相短路电流的周期分量；i_{np} 为三相短路电流的非周期分量。

　　显然，短路电流由两个分量组成，第一项为短路电流的周期分量 i_{p}，它是按正弦规律变化的振幅不变的电流；第二项为短路电流的非周期分量 i_{np}，它是按指数规律衰减的电流，起始值取决于初始条件，衰减速度取决于电路参数 R/L 的比值。

　　由于电路中存在电感，所以电流不会发生突变，即短路前瞬间电流的瞬时值必然与短路后瞬间电流的瞬时值相等。

短路前瞬间电流的瞬时值为

$$i_{0-} = I_{\mathrm{m}}\sin(\alpha - \varphi)$$

短路后瞬间电流的瞬时值为

$$i_{0+} = I_{\mathrm{pm}}\sin(\alpha - \varphi_{\mathrm{k}}) + c$$

则有

$$I_{\mathrm{m}}\sin(\alpha - \varphi) = I_{\mathrm{pm}}\sin(\alpha - \varphi_{\mathrm{k}}) + c$$

$$c = I_{\mathrm{m}}\sin(\alpha - \varphi) - I_{\mathrm{pm}}\sin(\alpha - \varphi_{\mathrm{k}})$$

短路后的短路全电流为

$$i_{\mathrm{k}} = I_{\mathrm{pm}}\sin(\omega t + \alpha - \varphi_{\mathrm{k}}) + [I_{\mathrm{m}}\sin(\alpha - \varphi) - I_{\mathrm{pm}}\sin(\alpha - \varphi_{\mathrm{k}})]\mathrm{e}^{-\frac{R}{L}t}$$

在电源电压及短路地点不变的情况下,要使短路全电流达到最大值,必须具备 $I_{\mathrm{m}} = 0, \varphi_{\mathrm{k}} \approx 90°, \alpha = 0$ 这三个条件。代入上式,则得短路后的全电流为

$$i_{\mathrm{k}} = -I_{\mathrm{pm}}\cos(\omega t) + I_{\mathrm{pm}}\mathrm{e}^{-\frac{R}{L}t} = -I_{\mathrm{pm}}\cos(\omega t) + I_{\mathrm{pm}}\mathrm{e}^{-\frac{t}{T_{\mathrm{a}}}}$$

式中,T_{a} 为短路电流非周期分量的时间常数,$T_{\mathrm{a}} = \dfrac{R}{L}$。

短路全电流为最大值时的波形如图 2-22 所示。由图可见,由于非周期分量的出现,短路电流不再和时间参照轴对称,实际上非周期分量曲线本身就是短路电流曲线的对称轴。

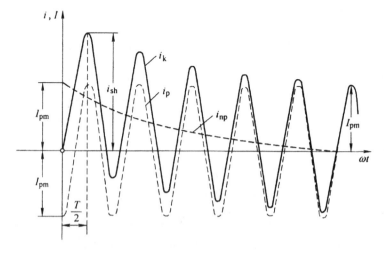

图 2-22　短路全电流为最大值时的波形

（2）短路冲击电流和短路容量

①短路冲击电流。短路电流最大可能的瞬时值称为短路冲击电流。短路冲击电流出现在短路后半个周期，即 $t=0.01\mathrm{s}$ 时。短路冲击电流为

$$i_{\mathrm{sh}}=I_{\mathrm{pm}}+I_{\mathrm{pm}}\mathrm{e}^{-\frac{t}{T_{\mathrm{a}}}}=I_{\mathrm{pm}}(1+\mathrm{e}^{-\frac{t}{T_{\mathrm{a}}}}) \tag{2-5-1}$$

令冲击系数 k_{sh} 为

$$k_{\mathrm{sh}}=1+\mathrm{e}^{-\frac{t}{T_{\mathrm{a}}}}$$

短路电流的短路冲击系数 k_{sh} 只与电路中元件参数有关。若短路回路中只有电抗（$R=0$），则 $k_{\mathrm{sh}}=2$；若短路回路中只有电阻（$X=0$），则 $k_{\mathrm{sh}}=1$。因此，k_{sh} 的大致范围为

$$1\leqslant k_{\mathrm{sh}}\leqslant 2$$

把 k_{sh} 代入式（2-5-1），可得冲击电流

$$i_{\mathrm{sh}}=k_{\mathrm{sh}}I_{\mathrm{pm}}=\sqrt{2}\,k_{\mathrm{sh}}I_{\mathrm{p}} \tag{2-5-2}$$

式中，I_{p} 为短路电流周期分量的有效值。

在工程计算中，当短路发生在发电机电压母线时，$k_{\mathrm{sh}}=1.9$；当短路发生在发电厂高压侧母线时，$k_{\mathrm{sh}}=1.85$；当短路发生在一般高压电网时，$k_{\mathrm{sh}}=1.8$。

短路冲击电流主要用于校验电气设备和载流导体在短路时的电动力稳定度。

②短路电流的最大有效值。短路电流任一时刻的有效值是指以该时刻为中心的一个周期内短路全电流瞬时值的方均根值，即

$$I_{\mathrm{kt}}=\sqrt{\frac{1}{T}\int_{t-\frac{T}{2}}^{t+\frac{T}{2}}i_{\mathrm{kt}}^{2}\mathrm{d}t}=\sqrt{\frac{1}{T}\int_{t-\frac{T}{2}}^{t+\frac{T}{2}}(i_{\mathrm{pt}}+i_{\mathrm{npt}})^{2}\mathrm{d}t} \tag{2-5-3}$$

短路全电流 i_{kt} 中包含周期分量和非周期分量。其中，对于周期分量，可认为它在所计算的周期内幅值是恒定的，即 $I_{\mathrm{pt}}=I_{\mathrm{pmt}}/\sqrt{2}$；非周期分量是随时间增大而衰减的，短路电流的有效值将随所计算时刻不同而变化。根据短路全电流的有效值定义，可以近似地认为，短路电流的非周期分量在该周期内大小不变，因此它在时间 t 的有效值就等于它的瞬时值，即

$$I_{npt} = i_{npt}$$

根据上述假定条件,式(2-5-3)可以简化为

$$I_t = \sqrt{I_{pt}^2 + I_{npt}^2}$$

短路电流的最大有效值 I_{sh} 发生在短路后的第一个周期内,即

$$I_{sh} = \sqrt{I_p^2 + \left[(k_{sh} - 1)\sqrt{2} I_p \right]^2} = I_p \sqrt{1 + 2(k_{sh} - 1)^2}$$

当冲击系数 $k_{sh} = 1.9$ 时,$I_{sh} = 1.62 I_p$;当 $k_{sh} = 1.8$ 时,$I_{sh} = 1.51 I_p$。

短路电流最大有效值主要用于校验电气设备的动稳定性或断流能力。

③短路功率。短路功率(短路容量)等于短路电流有效值乘以短路处的正常工作电压(一般用平均额定电压),即

$$S_k = \sqrt{3} U_{av} I_k$$

若用标幺值表示,假定基准电压等于正常工作电压,则

$$S_{k^*} = \frac{S_k}{S_d} = \frac{\sqrt{3} U_{av} I_k}{\sqrt{3} U_{av} I_d} = I_{k^*} \tag{2-5-4}$$

式(2-5-4)表明,短路功率的标幺值等于短路电流的标幺值,这给短路功率计算带来了方便。

短路功率主要用于校验断路器的断流能力。

(3)无限大容量系统三相短路电流的计算

无限大容量系统发生三相短路时,短路电流的周期分量和有效值保持不变。在进行三相短路的相关计算中,只要计算出短路电流周期分量的有效值,其他各物理量就很容易求得。

若选取 $U_d = U_{av}$,系统的端电压取平均额定电压,则 $U^* = U_{av}/U_d = 1$,三相短路电流周期分量为

$$I_p^* = \frac{U^*}{X_{\Sigma^*}} = \frac{1}{X_{\Sigma^*}}$$

$$I_p = I_{p^*} \cdot I_d = \frac{I_d}{X_{\Sigma^*}}$$

式中,$I_d = \dfrac{S_d}{\sqrt{3} U_j}$。

短路功率为

$$S_{k^*} = \frac{1}{X_{\Sigma^*}}$$

$$S_k = S_{k^*} \cdot S_d = \frac{S_d}{X_{\Sigma^*}}$$

2. 有限容量系统三相短路分析

在实际电力系统中基本不存在无限大容量系统的。大多数情况下,系统容量总是有限的,例如由若干个发电厂(或几台发电机)供电的系统或短路发生在距电源的不远处。有限容量电源供电系统发生短路故障时,电源的端电压就不可能维持恒定,因而除了短路电流非周期分量随时间的变化衰减外,短路电流周期分量的幅值也会随时间的变化而变化。

(1)同步发电机突然三相短路的电磁暂态过程

同步发电机突然短路暂态过程物理分析的理论基础是超导体闭合回路磁链守恒原则。所谓超导体就是电阻为零的导体。实际中,虽然所有发电机的绕组并非超导体,但根据楞次定律,任何闭合线圈在突然变化的瞬间,都将维持与之交链的总磁链不变。而绕组中的电阻,只是引起与磁链对应的电流在暂态过程中的衰减。

同步发电机发生突然短路后,发电机定子绕组中突然变化的周期分量电流会对转子产生强烈的电枢反应作用。根据超导体磁链守恒原则,为了抵消定子电枢反应产生的交链发电机励磁绕组的磁链,以维持励磁绕组在短路发生瞬间的总磁链不变,励磁绕组内将产生一附加的直流电流分量,它的方向与原有的励磁电流方向相同。这项附加的直流分量产生的磁通又交链发电机的定子绕组,在定子绕组中感生附加电动势,使定子绕组的周期分量电流增大。因此,在有限容量系统发生突然短路时,短路电流的初值将大大超过稳态短路电流。

由于实际电机的绕组中都存在电阻,故励磁绕组中维持磁链不变而出现的附加直流分量为一自由分量,最终将随时间的增大而衰减至零,由直流分量产生的交链发电机定子绕组的磁通也将随之衰减至零,使定子绕组电流最终趋于稳态短路电流。

可见,在有限容量电源发生三相短路时,由于励磁绕组中附加电流的作用,定子绕组中的短路电流周期分量的幅值将不再维持不变,而会从某一最大的初始值在 $\sqrt{2}\,I'$ 逐渐减小到稳态值 $\sqrt{2}\,I_\infty$。因此,不具有自动电压调节器作用,图 2-23 所示为有限容量电源三相短路时的短路电流波形。

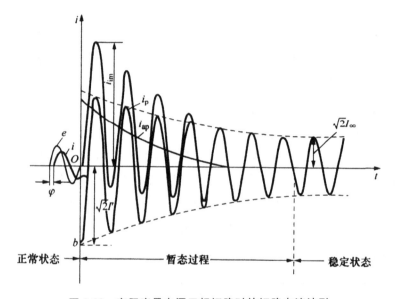

图 2-23　有限容量电源三相短路时的短路电流波形

为了便于描述同步发电机在突然短路时的暂态过程,需要确定一个在突然短路瞬间不发生突变的电动势,用它求取短路瞬间的定子电流周期分量。显然,计算稳态短路电流用的空载电动势 E_q 将因产生它的励磁电流的突变而突变,不能满足计算的需要。

对于无阻尼绕组的同步发电机,转子中唯有励磁绕组是闭合绕组,在短路瞬间,与该绕组交链的总磁链不能突变,因此通过对突然短路暂态过程的数学分析,可以给出一个与励磁绕组总磁链成正比的电动势 E'_q(称为 q 轴暂态电动势)和对应的同步发电机电抗 X'_d(称为暂态电抗)。在短路计算中,通常可不计同步发电机纵轴和横轴参数的不对称,从而由暂态电动势 E' 代替 q 轴暂态

电动势 E'_q。无阻尼绕组的同步发电机电动势方程表示为

$$\dot{E}' = \dot{U} + jX'_d \dot{I} \qquad (2\text{-}5\text{-}5)$$

式中,$\dot{U}$ 和 $\dot{I}$ 分别为正常运行时同步发电机的端电压和定子电流。从式(2-5-5)可知,E' 可根据短路前运行状态及同步发电机结构参数 X'_d 求出,并近似地认为它在突然短路瞬间保持不变,从而用于计算暂态短路电流的初始值。

对于有阻尼绕组的同步发电机(在电力系统中,大多数的水轮发电机均装有阻尼绕组,汽轮发电机的转子虽不装设阻尼绕组,但转子铁心是整块锻钢做成的,本身具有阻尼作用),在突然短路时,定子周期电流的突然增大引起电枢反应磁通的突然增加,励磁绕组和阻尼绕组为了保持磁链不变,都要感应产生自由直流电流,以抵消电枢反应磁通的增加。转子各绕组的自由直流电流产生的磁通都有一部分穿过气隙进入定子,并在定子绕组中产生定子周期电流的自由分量,显然,这时定子周期电流将大于无阻尼绕组时的电流。对应于有阻尼绕组的同步发电机突然短路的过渡过程称之为次暂态过程。按无阻尼绕组过渡过程类似的处理方法,可以给出一个与转子励磁绕组和纵轴阻尼绕组的总磁链成正比的电动势 E''_q,以及一个与转子横轴阻尼绕组的总磁链成正比的电动势 E''_d(分别称为 q 轴和 d 轴次暂态电动势),对应的发电机次暂态电抗分别为 X''_d 和 X''_q。当忽略纵轴和横轴参数的不对称时,有阻尼绕组的同步发电机电动势方程可表示为

$$\dot{E}'' = \dot{E}''_q + \dot{E}''_d = \dot{U} + jX''_d \dot{I} \qquad (2\text{-}5\text{-}6)$$

从式(2-5-6)可知,E'' 可根据短路前运行状态及同步发电机结构参数 X''_d 求出,并在突然短路瞬间保持不变,从而用于计算次暂态短路电流的初始值。

(2)起始次暂态电流和冲击电流的计算

在很多情况下,电力系统短路电流的工程计算,只需计算短路电流周期分量的初值,即起始次暂态电流。这时,只要把系统所有元件都用其次暂态参数表示,次暂态电流的计算就同稳态电流的计算方法相同了(系统中所有静止元件的次暂态参数都与其

稳态参数相同,但旋转电机的次暂态参数则与其稳态参数不同)。

如前所述,在突然短路瞬间,系统中所有同步发电机的次暂态电动势均保持短路发生前瞬间的值。为了简化计算,应用图2-24所示的同步发电机简化相量图,可求得其次暂态电动势的近似计算公式

$$E''_0 = E''_{[0]} = U_{[0]} + X''I_{[0]}\sin\phi_{[0]}$$

式中,$U_{[0]}$、$I_{[0]}$ 和 $\phi_{[0]}$ 分别为同步发电机短路前瞬间的电压、电流和功率因数角。

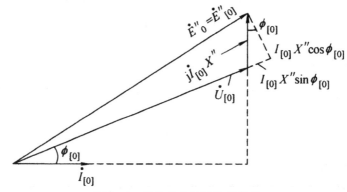

图 2-24　同步发电机简化相量图

求得发电机的次暂态电动势后,图 2-25 所示为次暂态电流计算示意图,其网络的起始次暂态电流为

$$I'' = \frac{E''_0}{(X'' + X_k)}$$

式中,X_k 为从发电机端至短路点的组合电抗。

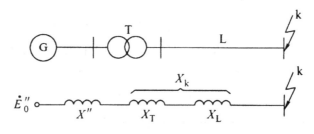

图 2-25　次暂态电流计算示意图

系统中同步发电机提供的冲击电流,仍可按式(2-5-2)计算,只是用起始次暂态电流的最大值 I''_m 代替式中的稳态电流的最大

值 I_{pm}。此外,电力系统的负荷中有大量的异步电动机,在短路过程中,它们可能提供一部分短路电流。异步电动机在突然短路时的等效电路也可用与其转子绕组总磁链成正比的次暂态电势 E''_0 和与之相应的次暂态电抗 X'' 来表示。异步电动机的次暂态电抗的标幺值可由下式确定

$$X'' = \frac{1}{I_{st}}$$

式中,I_{st} 为异步电动机启动电流的标幺值,一般为 4～7。

因此,近似可取 $X'' = 0.2$。

图 2-26 所示为异步电动机的次暂态参数简化相量图,由此可得出其次暂态电动势的近似计算公式

$$E''_0 = U_{[0]} - X'' I_{[0]} \sin\phi_{[0]}$$

式中,$U_{[0]}$、$I_{[0]}$ 和 $\phi_{[0]}$ 分别为短路前异步电动机的端电压、电流和两者的相位差。

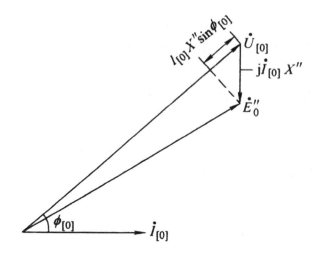

图 2-26　异步电动机的次暂态参数简化相量图

由于接入配电网络的电动机数量多,短路前运行状态难以弄清,因而,在实用计算中,只考虑短路点附近的大型电动机,对于其余的电动机,一般可当作综合负荷来处理。以额定运行参数为基准,综合负荷的电动势和电抗的标幺值可取作 $E'' = 0.8$ 及 $X'' = 0.35$。X'' 中包括电动机本身的次暂态电抗 0.2 和降压变压器及

馈电线路的电抗 0.15。在实用计算中,负荷提供的冲击电流可表示为

$$i_{shLD} = k_{shLD}\sqrt{2}\,I''_{LD}$$

式中,I''_{LD} 为负荷提供的起始次暂态电流的有效值;k_{shLD} 为负荷冲击系数,对于小容量电动机和综合负荷,取 $k_{shLD}=1$;大容量的电动机,$k_{shLD}=1.3\sim1.8$。

由于异步电动机所提供的短路电流的周期分量及非周期分量衰减得非常快,当 $t>0.01s$ 时就可认为其暂态过程已告结束。因此对于一切异步电动机及综合负荷,只在冲击电流计算予以计及。

2.5.2 电力系统不对称短路故障分析

电力系统不对称故障有横向故障和纵向故障之分。横向故障是指单相接地短路、两相短路和两相接地短路,纵向故障是指单相断线和两相断线。本节只讨论横向故障,即不对称短路故障。

对于不对称短路的计算,一般是先计算出短路点的各序电流、电压分量,然后根据需要算出各序电流、电压在网络中的分布,最后将各序分量合成,得出网络各支路中的各相电流以及网络各节点上的各相电压。从短路计算的方法来看,一切不对称短路的计算都可采用对称分量法将其归结为对称短路的计算。

1. 对称分量法的应用

对称分量法的基本原理是,任何一个三相不对称的系统都可分解成三相对称的三个分量系统,即正序、负序和零序分量系统。对于每一个相序分量来说,都能独立地满足电路的欧姆定律和基尔霍夫定律,从而把不对称短路计算问题转化成各个相序下的对称电路的计算问题。设有三相不对称相量 i_a,i_b,i_c,当选择 a 相作为基准相时,可将其进行如下分解:

$$\begin{bmatrix} \dot{I}_{a1} \\ \dot{I}_{a2} \\ \dot{I}_{a0} \end{bmatrix} = \frac{1}{3} \begin{bmatrix} 1 & \alpha & \alpha^2 \\ 1 & \alpha^2 & \alpha \\ 1 & 1 & 1 \end{bmatrix} \begin{bmatrix} \dot{I}_a \\ \dot{I}_b \\ \dot{I}_c \end{bmatrix} \qquad (2\text{-}5\text{-}7)$$

式中，α 为运算子，且有 $1+\alpha+\alpha^2=0$；$\dot{I}_{a1}$、$\dot{I}_{a2}$、$\dot{I}_{a0}$ 分别为 a 相电流的正序、负序、零序分量。

并且有

$$\left. \begin{aligned} \dot{I}_{b1} &= \alpha^2 \dot{I}_{a1}, \dot{I}_{c1} = \alpha \dot{I}_{a1} \\ \dot{I}_{b2} &= \alpha \dot{I}_{a2}, \dot{I}_{c1} = \alpha^2 \dot{I}_{a2} \\ \dot{I}_{a0} &= \dot{I}_{b0} = \dot{I}_{c0} \end{aligned} \right\}$$

三相相量的正序分量、负序分量、零序分量分别如图 2-27～图 2-29 所示。

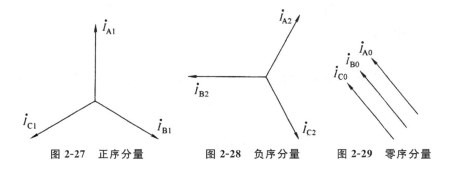

图 2-27　正序分量　　　图 2-28　负序分量　　　图 2-29　零序分量

式（2-5-7）可简写为

$$\boldsymbol{I}_{a120} = \boldsymbol{S} \boldsymbol{I}_{abc} \qquad (2\text{-}5\text{-}8)$$

式（2-5-8）中，$\boldsymbol{S}$ 称为对称分量变换矩阵

$$\boldsymbol{S} = \frac{1}{3} \begin{bmatrix} 1 & \alpha & \alpha^2 \\ 1 & \alpha^2 & \alpha \\ 1 & 1 & 1 \end{bmatrix}$$

其逆变换为

$$\boldsymbol{I}_{abc} = \boldsymbol{S}^{-1} \boldsymbol{I}_{a120} \qquad (2\text{-}5\text{-}9)$$

式（2-5-9）中，$\boldsymbol{S}^{-1}$ 称为对称分量逆变换矩阵

$$S^{-1} = \frac{1}{3} \begin{bmatrix} 1 & 1 & 1 \\ \alpha^2 & \alpha & 1 \\ \alpha & \alpha^2 & 1 \end{bmatrix}$$

当电路参数三相对称时,经过对称分量法变换得到的三相相序分量,每个相序分量对于三相电路都是对称的,并且是相互独立的。也就是说,当电路通过以某序对称分量的电流时,只产生同序对称分量的电压降;反之,当电路施加某序对称分量的电压时,也只产生同序对称分量的电流。这样,可以对正序、负序及零序分量分别进行计算,从而把不对称短路计算问题转化成正、负及零三个相序下的对称分量来计算。

2. 简单不对称短路的故障分析

在中性点接地的电力系统中,简单不对称短路有单相接地短路、两相短路以及两相短路接地。

（1）单相（a 相）接地短路

单相接地短路时,如图 2-30 所示,故障处的三个边界条件为

$$\dot{U}_a = 0 \quad \dot{I}_b = 0 \quad \dot{I}_c = 0$$

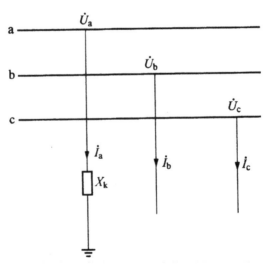

图 2-30　a 相接地短路

用对称分量表示为

$$\left.\begin{aligned}
\dot{U}_a &= \dot{U}_{a1} + \dot{U}_{a2} + \dot{U}_{a0} = 0 \\
\dot{I}_b &= a^2 \dot{I}_{a1} + a \dot{I}_{a2} + \dot{I}_{a0} = 0 \\
\dot{I}_c &= a \dot{I}_{a1} + a^2 \dot{I}_{a2} + \dot{I}_{a0} = 0
\end{aligned}\right\}$$

经过整理后便得用序分量表示的边界条件为

$$\left.\begin{aligned}
U_{a1} + U_{a2} + U_{a0} &= 0 \\
\dot{I}_{a1} = \dot{I}_{a2} &= \dot{I}_{a0}
\end{aligned}\right\} \tag{2-5-10}$$

联立求解方程组(2-5-9)及式(2-5-10)可得

$$I_{a1} = \frac{E_\Sigma}{\mathrm{j}(X_{1\Sigma} + X_{2\Sigma} + X_{0\Sigma})} \tag{2-5-11}$$

公式(2-5-11)是单相短路计算的关键公式。短路电流的正序分量一经算出,根据边界条件式(2-5-10)和各序电压方程式,即能确定短路点电流和电压的各序分量

$$\left.\begin{aligned}
\dot{I}_{a2} &= \dot{I}_{a0} = \dot{I}_{a1} \\
\dot{U}_{a1} &= \dot{E}_\Sigma - \mathrm{j}X_{1\Sigma}\dot{I}_{a1} = j(X_{2\Sigma} + X_{0\Sigma})\dot{I}_{a1} \\
\dot{U}_{a2} &= -\mathrm{j}X_{2\Sigma}\dot{I}_{a1} \\
\dot{U}_{a0} &= -\mathrm{j}X_{0\Sigma}\dot{I}_{a1}
\end{aligned}\right\} \tag{2-5-12}$$

电压和电流的各序分量,也可以直接应用复合序网来求得。根据故障处各序量之间的关系,将各序网络的故障端口连接起来所构成的网络称为复合序网。与单相短路的边界条件式(2-5-10)相适应的复合序网如图 2-31 所示。用复合序网进行计算,可以得到与以上完全相同的结果。

利用对称分量的合成算式,可得短路点故障相电流

$$\dot{I}_f^{(1)} = \dot{I}_a = \dot{I}_{a1} + \dot{I}_{a2} + \dot{I}_{a0} = 3\dot{I}_{a1} \tag{2-5-13}$$

和短路点非故障相的对地电压

$$\left.\begin{aligned}
\dot{U}_b &= a^2\dot{U}_{a1} + a\dot{U}_{a2} + \dot{U}_{a0} = j\left[(a^2-a)X_{2\Sigma} + (a^2-1)X_{0\Sigma}\right]\dot{I}_{a1} \\
&= \frac{\sqrt{3}}{2}\left[(2X_{2\Sigma} + X_{0\Sigma}) - \mathrm{j}\sqrt{3}X_{0\Sigma}\right]\dot{I}_{a1} \\
\dot{U}_c &= a\dot{U}_{a1} + a^2\dot{U}_{a2} + \dot{U}_{a0} = j\left[(a-a^2)X_{2\Sigma} + (a-1)X_{0\Sigma}\right]\dot{I}_{a1} \\
&= \frac{\sqrt{3}}{2}\left[-(2X_{2\Sigma} + X_{0\Sigma}) - \mathrm{j}\sqrt{3}X_{0\Sigma}\right]\dot{I}_{a1}
\end{aligned}\right\}$$

$$\tag{2-5-14}$$

选取正序电流 $\dot{I}_{a1}$ 作为参考向量,可以作出短路点的电流和电压向量图,如图 2-32 所示。图中 $\dot{I}_{a0}$ 和 $\dot{I}_{a2}$ 都与 $\dot{I}_{a1}$ 方向相同、大小相等,$\dot{U}_{a1}$ 比 $\dot{I}_{a1}$ 超前 90°,而 $\dot{U}_{a2}$ 和 $\dot{U}_{a0}$ 都要比 $\dot{I}_{a1}$ 落后 90°。

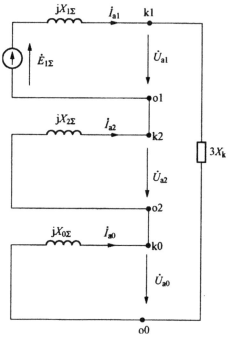

图 2-31　单相短路的复合序网

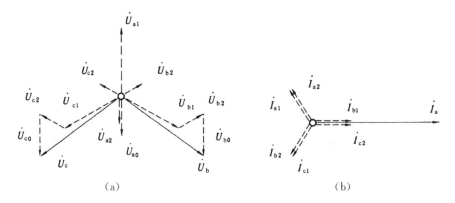

（a）　　　　　　　　　　　　（b）

图 2-32　单相接地短路时短路处的电流电压向量图

（a）电压向量；（b）电流向量

（2）两相（b 相和 c 相）短路

两相短路时故障点的情况如图 2-33 所示。故障处的三个边

界条件为

$$\dot{I}_a = 0 \quad \dot{I}_b + \dot{I}_c = 0 \quad \dot{U}_b = \dot{U}_c$$

用对称分量表示为

$$\left.\begin{array}{l}
\dot{I}_{a1} + \dot{I}_{a2} + \dot{I}_{a0} = 0 \\
a^2 \dot{I}_{a1} + a \dot{I}_{a2} + \dot{I}_{a0} = a \dot{I}_{a1} + a^2 \dot{I}_{a2} + \dot{I}_{a0} \\
a^2 \dot{U}_{a1} + a \dot{U}_{a2} + \dot{U}_{a0} = a \dot{U}_{a1} + a^2 \dot{U}_{a2} + \dot{U}_{a0}
\end{array}\right\}$$

整理后可得

$$\left.\begin{array}{l}
\dot{I}_{a0} = 0 \\
\dot{I}_{a1} + \dot{I}_{a2} = 0 \\
\dot{U}_{a1} = \dot{U}_{a2}
\end{array}\right\}$$

根据这些条件,我们可用正序网络和负序网络组成两相短路的复合序网,如图 2-34 所示。因为零序电流等于零,所以复合序网中没有零序网络。

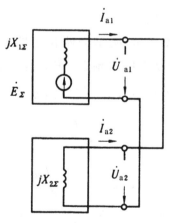

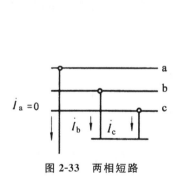

图 2-33 两相短路　　　　图 2-34 两相短路的复合序网

利用这个复合序网可以求出

$$\dot{I}_{a1} = \frac{E_\Sigma}{j(X_{1\Sigma} + X_{2\Sigma})}$$

以及

$$\left.\begin{array}{l}
\dot{I}_{a2} = -\dot{I}_{a1} \\
\dot{U}_{a1} = \dot{U}_{a2} = -jX_{2\Sigma}\dot{I}_{a2} = jX_{2\Sigma}\dot{I}_{a1}
\end{array}\right\}$$

短路点故障相的电流为

$$\dot{I}_b = a^2 \dot{I}_{a1} + a \dot{I}_{a2} + \dot{I}_{a0} = (a^2 - a)\dot{I}_{a1} = -j\sqrt{3}\dot{I}_{a1}$$

$$\dot{I}_c = -\dot{I}_b = j\sqrt{3}\dot{I}_{a1}$$

b、c 两相电流大小相等、方向相反。它们的绝对值为

$$\dot{I}_f^{(2)} = \dot{I}_b = \dot{I}_c = \sqrt{3}\dot{I}_{a1}$$

短路点各相对地电压为

$$\dot{U}_a = \dot{U}_{a1} + \dot{U}_{a2} + \dot{U}_{a0} = 2\dot{U}_{a1} = j2X_{2\Sigma}\dot{I}_{a1}$$

$$\dot{U}_b = a^2\dot{U}_{a1} + a\dot{U}_{a2} + \dot{U}_{a0} = -\dot{U}_{a1} = -\frac{1}{2}\dot{U}_a$$

$$\dot{U}_c = \dot{U}_b = -\frac{1}{2}\dot{U}_a$$

可见,两相短路电流为正序电流的 $\sqrt{3}$;短路点非故障相电压为正序电压的 2 倍,而故障相电压只有非故障相电压的一半而且方向相反。

图 2-35 所示为两相短路时短路处电流和电压向量图。作图时,仍以正序电流 $\dot{I}_{a1}$ 作为参考向量,负序电流与它方向相反。正序电压与负序电压相等,都比 $\dot{I}_{a1}$ 超前 90°。

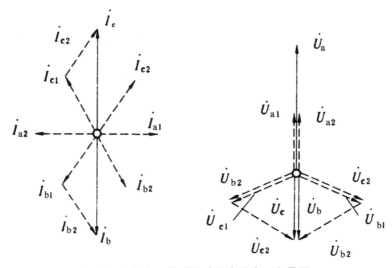

图 2-35 两相短路时短路处电流电压向量图

（3）两相（b 相与 c 相）短路接地

图 2-36 所示为两相短路接地时的故障处情况。故障处的三个边界条件为

$$\dot{I}_a=0 \quad \dot{U}_b=0 \quad \dot{U}_c=0$$

这些条件同单相短路的边界条件极为相似，只要把单相短路边界条件式中的电流换为电压、电压换为电流就是了。

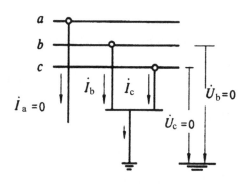

图 2-36　两相短路接地

用序分量表示的边界条件为

$$\left.\begin{array}{l}\dot{I}_{a1}+\dot{I}_{a2}+\dot{I}_{a0}=0\\\dot{U}_{a1}=\dot{U}_{a2}=\dot{U}_{a0}\end{array}\right\}$$

根据边界条件组成的两相短路接地的复合序网如图 2-37 所示。由图可得

$$\dot{I}_{a1}=\frac{E_{\Sigma}}{j(X_{1\Sigma}+X_{2\Sigma}+X_{0\Sigma})}$$

以及

$$\left.\begin{array}{l}\dot{I}_{a2}=-\dfrac{X_{0\Sigma}}{(X_{2\Sigma}+X_{0\Sigma})}\dot{I}_{a1}\\[3mm]\dot{I}_{a0}=-\dfrac{X_{0\Sigma}}{(X_{2\Sigma}+X_{0\Sigma})}\dot{I}_{a1}\\[3mm]\dot{U}_{a1}=\dot{U}_{a2}=\dot{U}_{a0}=j\dfrac{X_{2\Sigma}X_{0\Sigma}}{(X_{2\Sigma}+X_{0\Sigma})}\dot{I}_{a1}\end{array}\right\}$$

短路点故障相的电流为

$$\left. \begin{aligned} \dot{I}_{b} &= a^2\dot{I}_{a1} + a\dot{I}_{a2} + \dot{I}_{a0} = \left(a^2 - \frac{X_{2\Sigma} + aX_{0\Sigma}}{X_{2\Sigma} + X_{0\Sigma}}\right)\dot{I}_{a1} \\ &= \frac{-3X_{2\Sigma} - j\sqrt{3}\,(X_{2\Sigma} + 2X_{0\Sigma})}{2(X_{2\Sigma} + X_{0\Sigma})}\dot{I}_{a1} \\ \dot{I}_{c} &= a\dot{I}_{a1} + a^2\dot{I}_{a2} + \dot{I}_{a0} = \left(a^2 - \frac{X_{2\Sigma} + a^2 X_{0\Sigma}}{X_{2\Sigma} + X_{0\Sigma}}\right)\dot{I}_{a1} \\ &= \frac{-3X_{2\Sigma} + j\sqrt{3}\,(X_{2\Sigma} + 2X_{0\Sigma})}{2(X_{2\Sigma} + X_{0\Sigma})}\dot{I}_{a1} \end{aligned} \right\}$$

根据上式可以求得两相短路接地时故障相电流的绝对值为

$$\dot{I}_{f}^{(1,1)} = I_{b} = I_{c} = \sqrt{3}\sqrt{1 - \frac{X_{2\Sigma}X_{0\Sigma}}{(X_{2\Sigma} + X_{0\Sigma})^2}}\,\dot{I}_{a1}$$

短路点非故障相电压为

$$\dot{U}_{a} = 3\dot{U}_1 = j\,\frac{3X_{2\Sigma}X_{0\Sigma}}{X_{2\Sigma} + X_{0\Sigma}}\dot{I}_{a1}$$

图 2-38 表示两相短路接地时短路处的电流和电压向量图。作图时,仍以正序电流 $\dot{I}_{a1}$ 作为参考向量,$\dot{I}_{a2}$ 和 $\dot{I}_{a0}$ 同 $\dot{I}_{a1}$ 的方向相反。A 相三个序电压都相等,且比 $\dot{I}_{a1}$ 超前 90°。

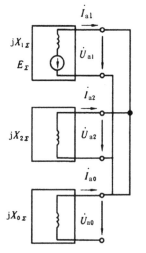

图 2-37 两相短路接地的复合序网

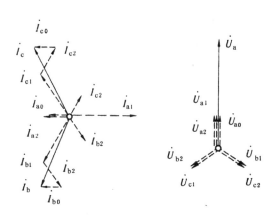

图 2-38 两相短路接地时短路处的
电流和电压向量图

72

2.6　电力系统稳定性

电力系统稳定性问题,是一个机械运动过程和电磁暂态过程交织在一起的复杂问题,属于电力系统机电暂态过程的范畴。根据扰动量的大小,通常将电力系统稳定性分为静态稳定性和暂态稳定性两类。

2.6.1　电力系统的功率特性

在图 2-39(a)所示的简单电力系统中,发电机通过升压变压器、输电线路、降压变压器与受端系统的母线相连接。假定受端系统容量相对于发电机来说足够大,以致可以认为在发电机输出功率变化时,受端母线电压的幅值和频率均保持不变,或者说受端可看成是功率无限大的系统,这种简单电力系统称为"单机-无限大"系统。相对于复杂电力系统来说,这种系统的稳定问题的分析和计算都比较简单。

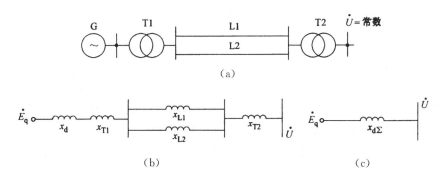

图 2-39　简单电力系统及其等效电路

(a)简单电力系统图;(b)等效电路;(c)简化等效电路

图 2-39(b)给出了该简单电力系统的等效电路。在图中不计各元件的电阻及线路导纳支路,此时系统的总电抗 $x_{d\Sigma}$ 为

$$x_{d\Sigma}=x_d+x_{T1}+x_1/2+x_{T2}=x_d+x_{TL}$$

式中,x_{TL} 为变压器和输电线的总电抗,即 $x_{T1}+x_1/2+x_{T2}$。

1.隐极机的功率特性

如发电机为隐极机,则其纵轴与横轴的同步电抗相等,即 $x_d = x_q$,这时由图 2-39(c)可得该简单电力系统的电压方程为

$$\dot{E}_q = \dot{U} + j x_{d\Sigma}$$

得到相应的隐极机的相量图如图 2-40 所示。

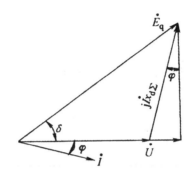

图 2-40 隐极机的相量图

分析此相量图,可得

$$E_q \sin\delta = \dot{U} + I x_{d\Sigma} \cos\varphi$$

所以,发电机输送到受端系统母线的功率为

$$P_{E_q} = UI\cos\varphi = \frac{E_q U}{x_{d\Sigma}}\sin\delta = P_{E_{qm}}\sin\delta \qquad (2\text{-}6\text{-}1)$$

式中,$P_{E_{qm}}$ 称为功率极限,$P_{E_{qm}} = E_q U / x_{d\Sigma}$。

从式(2-6-1)可见,当发电机的电动势 E_q 和受端电压 U 均为恒定时,传输功率 P_{E_q} 是角度 δ 的正弦函数。这里,角度 δ 是电动势 $\dot{E}_q$ 与电压 U 之间的夹角。因为传输功率 P_{E_q} 的大小与角 δ 密切相关,因此称 δ 为功率角,通常简称为功角。传输功率与功角的关系 $P_{E_q} = f(\delta)$,称为功角特性或功率特性。图 2-41 所示为隐极机的功角特性,由图可见功率极限出现在 $\delta = 90°$ 处。

功角 δ 在电力系统稳定性问题的研究中占有重要的地位。它除了表示电动势 $\dot{E}_q$ 与电压 $\dot{U}$ 之间的相位差(图 2-41),即表征系统的电磁关系之外,还表明了各发电机转子之间的相对空间位置,如图 2-42 所示。

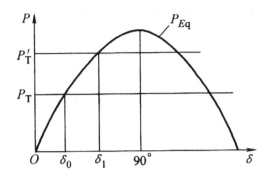

图 2-41　隐极机的功角特性

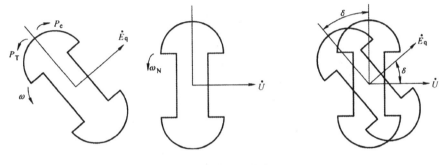

图 2-42　空间位置角 δ

δ 角随时间的变化反映了各发电机转子间的相对运动,如果两台发电机的电气角速度相同,即 $\omega = \omega_N$,则 δ 角保持不变。而发电机电气角速度的变化取决于作用在发电机转轴上的力矩(或者功率)的改变。

2. 凸极式发电机的功率特性

对于凸极式发电机,其纵轴和横轴同步电抗不相等,即 $x_d \neq x_q$。令 $x_{d\Sigma} = x_d + x_{TL}$,由《电机学》知识可知,含凸极式发电机简单系统的电压方程为

$$\dot{E}_q = \dot{U} + \mathrm{j} x_{d\Sigma} \dot{I}_d + \mathrm{j} x_{d\Sigma} \dot{I}_q \tag{2-6-2}$$

式(2-6-2)也可表示为

$$\dot{E}_q = \dot{E}_Q + \mathrm{j} \dot{I}_d (x_{d\Sigma} - x_{q\Sigma}) \tag{2-6-3}$$

式中,$\dot{E}_Q$ 为计算方便引入的一个虚构电动势,$\dot{E}_Q = \dot{U} + \mathrm{j} x_{q\Sigma} \dot{I}$。

该系统相应的凸极式发电机的相量图,如图 2-43 所示。

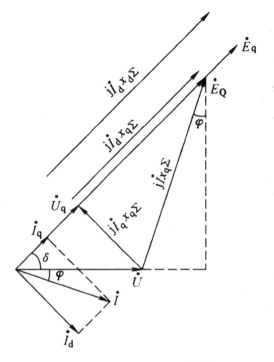

图 2-43　凸极式发电机的相量图

不难看出虚构电动势 $\dot{E}_Q$ 与空载电动势 $\dot{E}_q$ 同相位,也在 q 轴方向上。于是依据等值隐极电机法,可得到用 E_Q 表示的含有凸极机的简单系统的功率方程为

$$P_{E_Q} = \frac{E_Q U}{x_{q\Sigma}} \sin\delta \qquad (2\text{-}6\text{-}4)$$

在给定系统的运行状态时,可由已知发电机输出功率 P 和 Q,利用相量图 2-43 得到

$$\begin{cases} E_Q = \sqrt{(U+Qx_{q\Sigma}/U)^2 + (Px_{q\Sigma}/U)^2} \\ \delta = \arctan[(Px_{q\Sigma}/U)/(U+Qx_{q\Sigma}/U)] \end{cases} \qquad (2\text{-}6\text{-}5)$$

这里,用 E_Q 表示凸极机功率特性,虽为正弦曲线,但 E_Q 纯属为了计算方便而引入,并没有实际物理意义,并且它将随系统运行情况而变化(即随发电机输出功率 P 和 Q 而变化)。而 E_q 为空载电动势,其与发电机励磁电流成正比,不受系统运行情况

的影响。当发电机励磁电流不变时，E_q 值不随系统运行的情况变化。因此，当发电机励磁电流不变时，E_q 为定值，以 E_q 表示的功率特性使发电机输出功率仅为功角 δ 的函数。而由于 E_Q 随运行状态变化，因此用它来计算功率并不方便。在计算凸极机的功率特性时，首先根据给定的受端系统电压 U_0、功率 P_0 和 Q_0，按式 (2-6-5) 计算出 E_Q 和 δ。再由相量图 2-43 可知

$$I_d = \frac{E_q - U\cos\delta}{x_{d\Sigma}} = \frac{E_Q - U\cos\delta}{x_{q\Sigma}}$$

最后得到 E_Q 与 E_q 的关系

$$E_Q = E_q \frac{x_{q\Sigma}}{x_{d\Sigma}} + \left(1 - \frac{x_{q\Sigma}}{x_{d\Sigma}}\right)U\cos\delta \tag{2-6-6}$$

将式 (2-6-6) 的 E_Q 表达式代入式 (2-6-4)，得到含有凸极机简单系统的功率方程为

$$P_{E_q} = \frac{E_q U}{x_{d\Sigma}}\sin\delta + \frac{U^2}{2}\left(\frac{1}{x_{q\Sigma}} - \frac{1}{x_{d\Sigma}}\right)\sin2\delta$$

当发电机电动势 E_q 与发电机端电压 U 不变时，凸极机的功角特性如图 2-44 所示。

由图可知，与隐极机比较，凸极机的功角特性多了一项与发电机电动势 E_q（即与励磁）无关的二次谐波项，该项是由于发电机纵、横轴磁阻不等而引起的，因此将其称为磁阻功率。磁阻功率的出现，使功率与功角 δ 成非正弦关系，并且在 $\delta < 90°$ 时功率达到最大值。

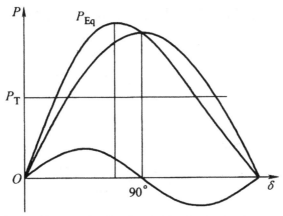

图 2-44　凸极机的功角特性

3.同步发电机组的机电特性

同步发电机组的机电特性包括转子运动方程、发电机电磁转矩和功率等内容。下面主要对转子运动方程进行研究。

假设发电机的转子以电角速度 ω 旋转（即发电机的电动势向量以 ω 旋转，图 2-45 所示为转子旋转示意图），某一参考向量 $\dot{U}$ 以同步速度 ω_0 旋转，它们之间的夹角为 δ。实际上，δ 代表的是转子轴线与同步旋转的参考轴的夹角，是转子轴线的位置参量。可以说电力系统稳定性问题就是要研究功角 δ 随时间的变化趋势。当 ω 不等于 ω_0 时，δ 不断变化，是时间的函数，显然有以下关系

$$\left.\begin{aligned}\frac{\mathrm{d}\delta}{\mathrm{d}t}&=\omega-\omega_0\\[2mm]\frac{\mathrm{d}^2\delta}{\mathrm{d}t^2}&=\frac{\mathrm{d}\omega}{\mathrm{d}t}\end{aligned}\right\}$$

转子运动方程为

$$\frac{T_\mathrm{J}}{\omega_0}\times\frac{\mathrm{d}^2\delta}{\mathrm{d}t^2}=P_\mathrm{T}-P_\mathrm{E}$$

式中，T_J 为发电机组的惯性时间常数，单位为秒，一般手册上给出的 T_J 均为以发电机本身额定容量为功率基准值，在系统分析时应转换到系统基准功率下。ω_0 为同步角速度，且 $\omega_0=2\pi f$，f 为电网频率，单位为 Hz；δ 的单位为弧度；t 的单位为 s；P_T 为原动机功率，单位为标幺值；P_E 为发电机电磁输出功率，单位为标幺值。

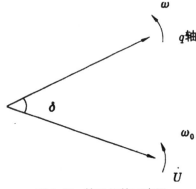

图 2-45　转子旋转示意图

2.6.2　小干扰法分析电力系统的静态稳定

所谓小干扰法，就是列出描述系统运动的，通常是非线性的微分方程组，然后将它们线性化，得出近似的线性微分方程组，再根据其特征方程式根的性质判断系统的稳定性。

1. 简单系统中状态变量偏移量的线性状态方程

以图 2-39 所示的简单电力系统为例。严格地讲，发电机的状态方程应包括发电机回路电压励磁方程和转子运动方程，但由于采用了假设，简单系统中发电机的电磁功率为 $\dot{E}_q$（为常数）、U 和 δ 的函数。这样，发电机的状态方程就只有转子运动方程

$$
\left.
\begin{aligned}
\frac{\mathrm{d}\delta}{\mathrm{d}t} &= (\omega - 1)\omega_0 \\
\frac{\mathrm{d}\omega}{\mathrm{d}t} &= \frac{1}{T_J}\left(P_T - \frac{\dot{E}_q U}{x_{d\Sigma}}\sin\delta\right)
\end{aligned}
\right\}
$$

对其在运行点附近进行线性化后可得如下线性状态方程

$$
\left.
\begin{aligned}
\frac{\mathrm{d}\Delta\delta}{\mathrm{d}t} &= \Delta\omega\omega_0 \\
\frac{\mathrm{d}\Delta\omega}{\mathrm{d}t} &= -\frac{1}{T_J}\Delta P_{E_q} = -\frac{1}{T_J}\left(\frac{\mathrm{d}P_{E_q}}{\mathrm{d}\delta}\right)_{\delta=\delta_0}\Delta\delta
\end{aligned}
\right\}
\quad (2\text{-}6\text{-}7)
$$

2. 根据特征值判断简单系统的稳定性

我们对系统状态方程（2-6-7）的系数矩阵求特征值，如果所有特征值都为负实数，则系统是稳定的。若改变系统运行方式或参数，使得特征值中出现一个零根或者实部为零的一对虚根，则系统处于稳定边界。只要系统中出现一个正根或一对具有正实部的复根，则系统是不稳定的。

求解式（2-6-7）的特征方程

$$
\begin{vmatrix}
0 - \lambda & \omega_0 \\
-\dfrac{1}{T_J}\left(\dfrac{\mathrm{d}P_{E_q}}{\mathrm{d}\delta}\right)_{\delta=\delta_0} & 0 - \lambda
\end{vmatrix} = 0
$$

求得特征根 λ 为

$$\lambda_{1,2} = \pm \sqrt{\frac{-\omega_0}{T_J} \left[\frac{\mathrm{d}P_{E_q}}{\mathrm{d}\delta}\right]_{\delta=\delta_0}}$$

很明显，当 $\left[\dfrac{\mathrm{d}P_{E_q}}{\mathrm{d}\delta}\right]_{\delta=\delta_0}$ 小于零时，$\lambda_{1,2}$ 为一个正实根和一个负实根，即 $\Delta\delta$ 和 $\Delta\omega$ 有随时间不断单独增大的趋势，发电机对于无限大系统非周期性地失去同步，故系统是不稳定的。当 $\left[\dfrac{\mathrm{d}P_{E_q}}{\mathrm{d}\delta}\right]_{\delta=\delta_0}$ 大于零时，$\lambda_{1,2}$ 为一对虚根，从理论上讲，$\Delta\delta$ 和 $\Delta\omega$ 作等幅振荡，振荡频率一般为 1 Hz 左右，故通称为低频振荡。若系统中有正阻尼，则 $\Delta\delta$、$\Delta\omega$ 低频衰减振荡，即系统受扰后经振荡最后恢复同步。

可见，小扰动稳定分析与系统静态稳定的实用判断依据 $\dfrac{\mathrm{d}P_{E_q}}{\mathrm{d}\delta}$ 是一致的，$\dfrac{\mathrm{d}P_{E_q}}{\mathrm{d}\delta}$ 的大小可以说明发电机维持同步运行的能力，也就是说明静态稳定的程度。系统必须运行在 $\dfrac{\mathrm{d}P_{E_q}}{\mathrm{d}\delta} > 0$ 的状况下。随着 δ 的增大，整个功率系数 $\dfrac{\mathrm{d}P_{E_q}}{\mathrm{d}\delta}$ 将逐步减小。当 $\dfrac{\mathrm{d}P_{E_q}}{\mathrm{d}\delta}$ 接近零并进而改变符号时，发电机就再也没有能力维持同步运行，系统将非周期地丧失稳定。

2.6.3　提高系统静态稳定性的措施

采用自动调节励磁装置，减少元件的电抗，改善系统的结构和采用中间补偿设备等措施都能有效提高系统的静态稳定性。本节主要对前两种措施进行阐述。

1. 采用自动励磁调节装置

同步发电机一般都带感性负载，它的电枢反应是起去磁作用的，因此随着发电机输出功率的增加，发电机的端电压将逐渐下降。自动励磁调节装置的任务就是在发电机端电压降低时,自动增大励磁电流来提高发电机的励磁电动势 E,使发电机的端电压恢复正常。所以在采用自动励磁调节装置后,随着发电机输出功率的增加,发电机的励磁电动势 E 将自动上升,与之相应的功角特性曲线的幅值也将正比增大。图 2-46 所示为发电机运行的功角关系,它根据不同 E 值绘制出的一组幅值不同的功角特性曲线。这时当输出功率增加时,由于励磁电动势的增加,发电机的运行点将不再沿着电动势 E 为常数的功角特性曲线移动,而是将从一个功角特性曲线转移到另一个有较高幅值的功角特性曲线上。因此,在采用自动励磁调节装置后,发电机实际运行时的功角关系将如图 2-46 中的粗实线所示。

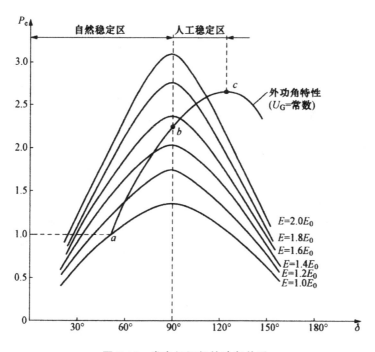

图 2-46 发电机运行的功角关系

显然采用自动励磁调节装置后,系统的功率极限将增高到图 2-46 中的 c 点。极限功率的提高增大了系统的静态稳定储备量,提高了系统保持静态稳定的能力。不过还应指出,对于某些动作不灵敏的调节器而言(例如机械型的调节器),当系统因某些小扰动而使功角发生微小偏移时,由于发电机端电压的变化很小,调节器往往不能动作,此时系统的极限功率只能定在外功角特性曲线的 b 点。

2.减小元件的电抗

发电机之间的联系电抗总是由发电机、变压器和线路的电抗所组成。这里有实际意义的是减少线路电抗,实际操作时可采用分裂导线的做法。高压输电线采用分裂导线的主要目的是为了避免电晕,同时,分裂导线可以减小线路电抗。

例如,对于 500kV 的线路,采用四根分裂导线时约为 $0.29\Omega/\text{km}$,比采用单根导线的电抗少了 $0.13\Omega/\text{km}$。图 2-47 所示为采用分裂导线的 500kV 线路单位长度参数。

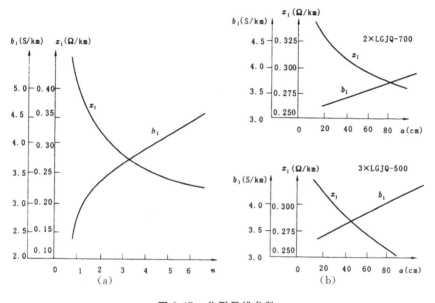

图 2-47 分裂导线参数

(a)电抗与分裂根数的关系;(b)电抗与根和根之间几何均距的关系

2.7 超高压远距离直流输电

电力事业发展初期采用直流进行输电,由于存在电压变换困难、可用率低等缺点,逐渐被交流电取代,特别是交流高压输电以其独特的优点取代了直流输电而应用广泛。然而,随着远距离输电线路距离的增长,电网结构变得越来越复杂,系统稳定性、限制短路电流、调压等问题日益突出,所消耗的成本也越来越高,再加上交直流换流技术所取得的进展,高压直流输电技术重新回到人们的视野。

20 世纪 50 年代,汞弧阀换流技术的成功使高压直流输电有了大幅度进步,此后随着电力电子技术的发展和半导体技术的进步,直流输电技术也在不断进步、发展。目前,世界上多个国家和地区都建设了直流输电工程。我国也已建设有葛洲坝—上海、天生桥—广州、三峡—常州、贵州—广东等高压直流输电工程,高压直流输电的潜力巨大,是"西电东送"的力量之一,预期在 2020 年之前,还将有 10 多个重大的直流输电工程投入建设,直流输电在远距离输电中所占的比重将日益增加。

图 2-48 所示为双极直流输电的原理接线图。

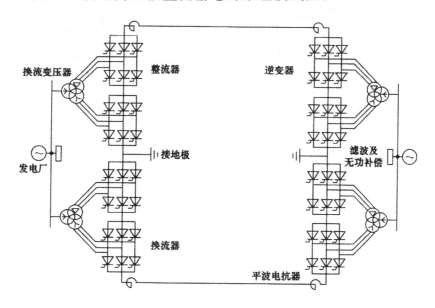

图 2-48　双极直流输电的原理接线

2.7.1 高压直流输电系统的基本接线方式

高压直流输电系统的基本接线方式主要有单极、双极和BTB直流输电三种方式。

1. 单极直流输电

单极直流采用负极导线,以大地或海水作为回路,图 2-49 所示为单极直流输电线路。但由于在大电流场合下,地电流对地下管道有着十分严重的腐蚀,且海水中有电流通过也会影响航运和渔业等,故未能进一步推广。后来也有的单极线路是用金属导体(如电缆、架空线路)作为返回导体以形成回路,图 2-50 所示为单极两线直流输电线路,这种方式往往可用于分期建设的直流工程初期的一种接线方式。

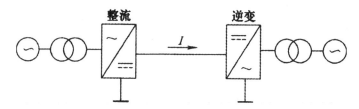

图 2-49 单极直流输电线路

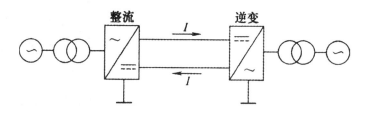

图 2-50 单极两线直流输电线路

2. 双极直流输电

双极直流输电线路如图 2-51 所示,具有两根导线,一根是正极,另一根是负极。双极直流输电方式每端都有两组额定电压相等、在直流侧相互串联的换流装置,可使得线路两极独立运行。

正常运行时以相同的电流工作,中性点与大地中没有电流,而当一根导线故障时,另一根以大地作回路,可带一半的负荷,从而提高了运行的可靠性。

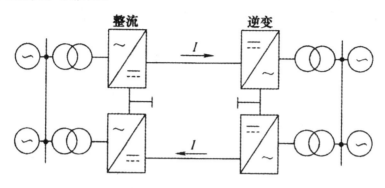

图 2-51　双极直流输电线路

3.“背靠背(简称 BTB)”直流输电

“背靠背(简称 BTB)”直流输电的接线原理如图 2-52 所示。BTB 输电线路中没有直流线路,线路一侧的逆变器可将整流后的线路与另一侧的交流系统相连。这种输电方式能够将两个不同频率或异步运行的电力系统联系起来,还能够限制短路电流、强化系统间的功率交换,一般用于大型系统间的互联,目前在世界上应用较广。

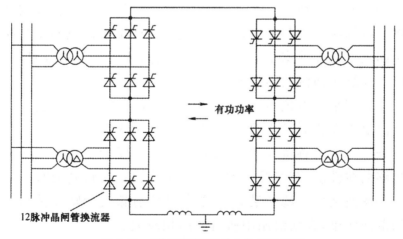

图 2-52　“背靠背”直流输电的接线原理

2.7.2 高压直流输电系统的构成

高压直流输电系统由换流站(包括整流站和逆变站)和直流线路组成,图 2-53 所示为直流输电系统的构成(单极)。

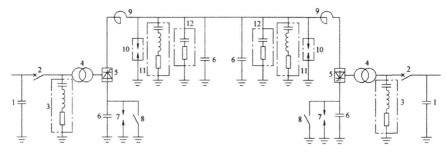

图 2-53 直流输电系统的构成(单极)

1—无功功率补偿装置;2—交流断路器;3—交流滤波器;4—换流变压器;5—换流装置;6—过电压吸收电容;7—保护间隙;8—隔离开关;9—直流平波电抗器;10—避雷器;11—直流滤波器;12—线路用阻尼器

高压直流输电系统的各主要设备如下:

①换流装置。换流装置作用是把交流电变换为直流电,或把直流电变换为交流电。整个阀体装于全屏蔽的阀厅内,以防止对周围环境的电磁辐射及干扰。

②换流变压器。换流变压器的绝缘结构十分复杂,因其要达到能够承受直流与交流相叠加场强以及极性反转时的电气应力。

③直流气体绝缘开关成套装置(直流 GIS)。该装置内装有气体绝缘母线、直流隔离开关与接地器、直流中性点侧金属接地用断路器等。整个装置内充以 SF_6 气体,不仅绝缘可靠性高,而且可大大缩小换流站的占地面积。

④直流平波电抗器。该装置串联在换流器与线路之间,以抑制直流电流变化时的上升速度及减小直流线路中电压和电流的谐波分量。它又称为平波电抗器。由于它要承受直流高压并保持足够的线性度,其绝缘结构和铁芯结构也是比较复杂的。

⑤滤波装置。滤波装置主要作用是消除波形畸变造成对系统的谐波污染,在换流站中所占的面积较大。

此外,还包括无功补偿装置、直流避雷器、控制保护设备等。

第3章 电气一次设备及选择

电力系统的电气设备可分为一次设备和二次设备两大类。一次设备是指直接参与生产、输送和分配电能的高压电气设备,本章主要介绍电气一次设备,并在章节最后简述一次设备的选择。

3.1 电气设备运行中的电弧问题与灭弧方法

电弧是电气设备运行中出现的一种强烈的电游离现象,电弧的产生对供电系统的安全运行有很大影响。所以,在讲述高低压开关设备之前,有必要先简单介绍电弧产生与熄灭的原理和灭弧的方法。

3.1.1 电弧的产生

1.电弧产生的根本原因

开关触头分断电流时产生电弧的根本原因在于触头本身及触头周围的介质中含有大量可以游离的电子。在分断的触头之间存在着足够大的外施电压的条件下,这些电子就有可能强烈地游离而产生电弧。

2.产生电弧的游离方式

触头之间电弧燃烧的区域叫作弧隙。弧隙中电子和离子的产生主要有下面四种基本形式。

（1）热电子发射

触头分断电流时，其阴极表面由于大电流逐渐收缩集中而出现炽热的光斑，温度很高，因而使触头表面分子中外层电子吸收足够的热能而发射到触头间隙中去，形成自由电子。

（2）高电场发射

触头分断之初，电场强度很大。触头表面电子可能被强拉出来，进入触头的间隙介质中去，形成自由电子。

（3）碰撞游离

在电场力作用下，电极之间的电子会向正电极作加速运动。当电子获得足够的动能撞击中性质点时，可使质点中的电子释放出来，形成自由电子和正离子，如图 3-1 所示为碰撞游离示意图。

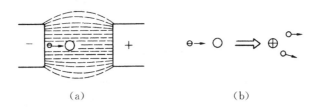

（a）   （b）

图 3-1　碰撞游离示意图

（a）电子在电场中向正极加速运动；（b）电子碰撞中性质点后产生游离

（4）高温游离

在常温下，气体中的分子都处在不规则的热运动中，图 3-2 所示为气体分子热运动示意图。随着温度升高，气体分子的热运动加剧。当温度升高到 3000℃～4000℃以上时，它们间互相碰撞就会产生电子与正离子，这种现象叫作热游离。

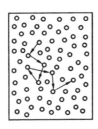

图 3-2　气体分子热运动示意图

开关电器在分断电流时,电弧的形成主要是由于存在上述四种游离过程。其中维持电弧继续燃烧的主要形式是热游离。

3.1.2　电弧的熄灭

1. 熄灭电弧的去游离方式

电弧燃烧时,介质产生游离的同时,还存在着去游离过程。去游离可以使电弧中自由电子和正离子减少。去游离方式主要有以下两种。

（1）复合

复合是正负离子相互接触时,交换多余电荷而成为中性质点的现象。

在弧柱内进行的复合,主要是正负离子的结合。电子与正离子的直接复合很少能成功,因为电子对于离子的相对速度较大,不易结合。但是电子在碰撞时,如果先附着在中性质点上形成运动迟缓的负离子,则正负离子结合成中性质点比电子与正离子的复合要容易得多。

复合进行的快慢与电场强度有关,电场强度愈小,离子运动的速度就愈小,复合的或然率就愈大。所以在交流电弧中,当加于电弧两端的电压接近于零值的瞬间,复合进行得特别强烈。

（2）扩散

由于弧柱中导电质点的密度很大,再加上质点的热运动速度大,弧柱中的导电质点会不断地向周围空间扩散,扩散出去的带电质点在周围介质中进行再结合,因而减少了弧柱中的导电质点数目,这种现象称为扩散。

电弧中去游离的强度,很大程度上取决于电弧燃烧所在介质的特性,如气体介质的导热系数、介质强度、热游离温度和热容量等。同时,电弧在气体介质中燃烧时,气体介质的压力大小、触头的材料等对去游离也有一定的影响。

2.常用的灭弧方法

电弧能否熄灭,决定于弧隙内部的介质强度与外部电路加于弧隙上的恢复电压间的竞争结果。介质强度的增长快慢决定于弧隙间介质的游离和去游离作用,因此增加弧隙的去游离速度或减小弧隙电压的恢复速度及其幅值,都可以促使电弧熄灭。

(1)采用灭弧能力强的灭弧介质

电弧中的去游离强度,在很大程度上取决于电弧周围介质的特性。高压断路器中广泛采用以下几种灭弧介质。

①变压器油。

②压缩空气。

③六氟化硫(SF_6)气体。

④真空。

(2)利用气体或油吹动电弧

这种方法广泛应用于各种电压等级的开关电器中,特别是大容量高压断路器中。如空气断路器是利用压缩空气吹动电弧;油断路器是利用变压器油在电弧作用下分解出的气体吹动电弧;负荷开关和熔断器利用固体有机物质(有机玻璃、纤维等)在电弧的作用下分解出的气体吹弧。

气流或油流可强烈地冷却电弧,并且加速弧隙内的离子扩散等去游离作用。气流或油流的速度愈大,去游离作用效果也就愈强。在开关电器中就是利用各种形式的灭弧室结构,使气流或油流产生巨大的压力,有效地吹向弧隙,使电弧迅速熄灭。

吹动电弧的方式有纵向吹动和横向吹动两种,纵向吹弧使电弧冷却并变细,横向吹弧则把电弧拉长、切断。

(3)采用多断口熄弧

高压断路器往往制成每相具有两个或多个断口相串联,使加于每个断口上的电压降低,这比单断口具有更好的灭弧性能,所以电弧易于熄灭。新型高压断路器往往把相同形式的灭弧室(断口)串接起来,就可以用于较高电压等级的电气设备,形成积木式

结构。例如 SW2、SW4 和 SW6 系列的少油断路器,电压等级为
110kV 时,每相由两个相同的灭弧室串联而成,每个灭弧室有一
个断口,即每相有两个断口;220kV 时,每相由四个相同的灭弧室
串联而成,即每相有四个断口。

(4)采用并联电阻

在高压大容量断路器中,广泛利用弧隙并联电阻来改善它们
的工作条件。并联电阻的作用是:

①断路器的触头两端并联较小的电阻(几十至几百欧),当触
头分开时,电流经过零值电弧暂时熄灭,此时,并联电阻对电路的
振荡过程起了阻尼作用,能有效地减弱或限制振荡性的电压恢复
过程,从而降低恢复电压的起始上升速度和最大值,有利于电弧
的熄灭。

②多断口的断路器触头上并联高电阻(几万至几十万欧),使沿
着触头断口之间的电压均匀分布,有利于发挥各断口的灭弧能力。

(5)低压开关中的熄灭电弧方法

低压开关常用以下两种熄灭电弧的方法:

①利用金属火弧栅灭弧。实质上是利用短弧原理灭弧。当
交流电弧电流经过零时,每个短弧的阴极都会出现 150~250V 的
介质强度,如果其总和超过触头间的电压,则电弧熄灭。

②利用固体介质狭缝灭弧。灭弧片由耐高温的绝缘材料(如
石棉水泥或陶土材料)制成。当触头断开而产生电弧后,利用磁
吹线圈装置,将电弧拉入灭弧片狭缝中,弧隙压力增加,同时电弧
被拉长,最终使电弧熄灭。

3.2　高压开关电器及载流导体

3.2.1　高压断路器

高压断路器的功能不仅能通断正常负荷电流,而且能接通和

承受一定时间的短路电流,并能在保护装置作用下自动跳闸,切除短路故障。

高压断路器全型号的表示和含义如图 3-3 所示。

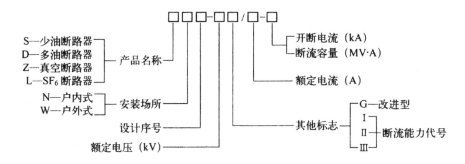

图 3-3　高压断路器全型号的表示和含义

1. SN10-10 型高压少油断路器

SN10-10 型高压少油断路器是我国 20 世纪 80 年代统一设计、推广应用的一种新型少油断路器,按其断流容量(符号 S_{oc})分,有 I、D、E 型, I 型 $S_{oc}=300MV\cdot A$, D 型 $S_{oc}=500MV\cdot A$, E 型 $S_{oc}=750MV\cdot A$。

图 3-4 所示是 SN10-10 型高压少油断路器的外形。这种断路器的导电回路是:上接线端子—静触头—导电杆(动触头)—中间滚动触头—下接线端子。

SN10-10 型少油断路器可配用 CS2 型手动操作机构、CD10 型电磁操作机构或 CT7 型弹簧(储能)操作机构。手动操作机构能手动和远距离分闸,但只能手动合闸,其结构简单,且为交流操作,因此相当经济实用;然而由于其操作速度所限,其操作的断路器断开的短路容量不宜大于 $100 MV\cdot A$。

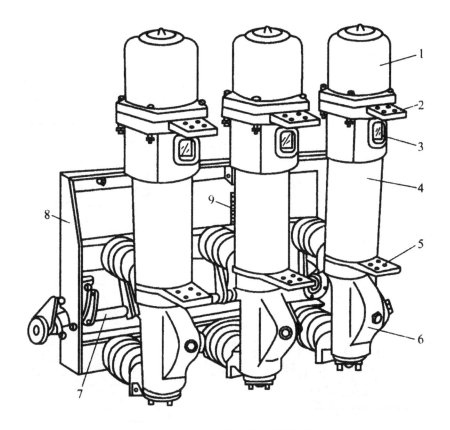

图 3-4　SN10-10 型高压少油断路器

1—铝帽;2—上接线端子;3—油标;4—绝缘筒;5—下接线端子;
6—基座;7—主轴;8—框架;9—断路弹簧

2.高压真空断路器

　　高压真空断路器是一种利用"真空"灭弧的断路器,其触头装在真空灭弧室内。图 3-5 所示是 ZN12-12 型户内式真空断路器的结构图,其真空灭弧室的结构如图 3-6 所示。真空灭弧室的中部,有一对圆盘状的触头。在触头刚分离时,由于电子发射而产生一点真空电弧。当电路电流过零时,电弧熄灭,触头间隙又恢复原有的真空度和绝缘强度。

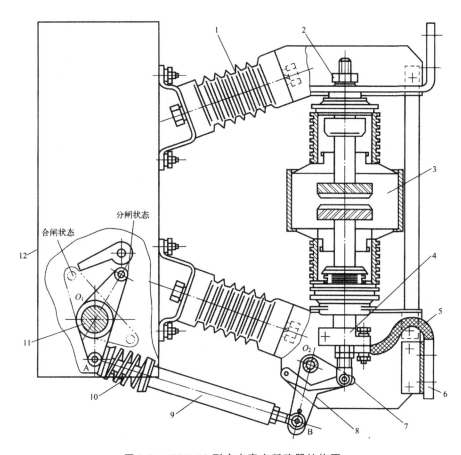

图 3-5　ZN12-12 型户内真空断路器结构图

1—绝缘子;2—上出线端子;3—真空灭弧室;4—出线导电夹;

5—出线软连接;6—下出线端子;7—万向杆端轴承;8—转向杠杆;

9—绝缘拉杆;10—触头压力弹簧;11—主轴;

12—操作机构箱(注:虚线为合闸位置,实线为分闸位置)

　　真空断路器具有体积小、动作快、寿命长、安全可靠和便于维护检修等优点,但价格较贵。真空断路器配用 CD10 型电磁操作机构或 CT7 型弹簧操作机构。

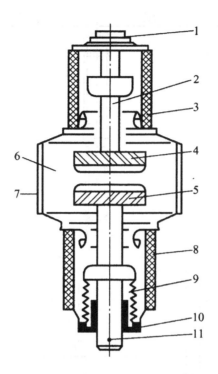

图 3-6 真空断路器的真空灭弧室

1—导电盘;2—导电杆;3—陶瓷外壳;4—静触头;5—动触头;6—真空室;

7—屏蔽罩;8—陶瓷外壳;9—金属波纹管;10—导向管;11—触头磨损指示标记

3.六氟化硫(SF₆)断路器

SF₆ 断路器是利用 SF₆ 气体作为灭弧和绝缘介质的断路器,图 3-7 所示是 LW36-126 型户外 SF₆ 断路器的结构图,三相固定在一个公共底架上,各相的 SF₆ 气体都与总气管连通,每相的底箱上有一伸出的转轴,在上面装有外拐臂并与连杆相连,U相转轴通过四连杆与过渡轴相连,过渡轴再通过另一个四连杆与操动机构的输出轴相连,分闸弹簧连在 12、13 两相转轴的外拐臂上。

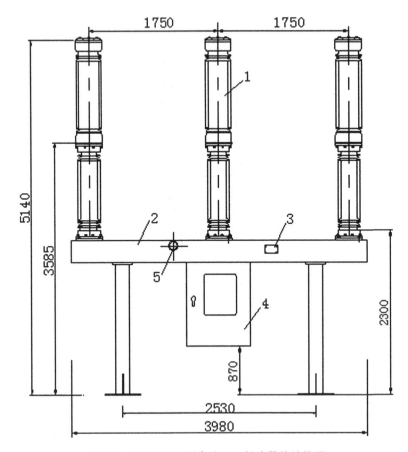

图 3-7 LW36-126 型户外 SF$_6$ 断路器的结构图

1—极柱；2—基座；3—铭牌；4—弹簧操作机构；5—SF$_6$ 密度继电器

3.2.2 高压隔离开关

高压隔离开关的种类很多，按安装地点的不同可分为户内式和户外式两种。

1. 户内式隔离开关

户内式隔离开关有单极式和三极式两种，图 3-8 所示为 GN30-12 型旋转式隔离开关外形及尺寸图。GN30-12 系列户内高压隔离开关是一种旋转触刀式的新型隔离开关。该系列隔离开关分带接地刀闸和不带接地刀闸两种。特别适用于安装在高压开关柜内,使高压开关柜结构紧凑、简单、占用空间小,提高其安全可靠性。主要结构特点是在三相共底架的上、下两个平面上,固定两组绝缘子及触头,其结构包括动触头、静触头、操作绝缘子、固定绝缘子以及底座隔板。

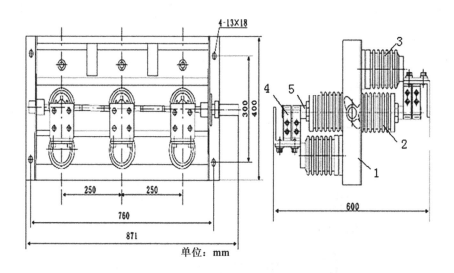

单位: mm

图 3-8　GN30-12 型旋转式隔离开关外形及尺寸图

1—底座隔板;2—操作绝缘子;3—固定绝缘子;

4—静触头;5—动触头

导电回路主要由两侧动触头、静触头和接线端等组成。静触头固定在支柱绝缘子上,分别安装在高压开关柜的上下两个面上,使其带电部分与不带电部分在开关柜内完全隔开,从而保证检修人员的安全。动触头安装在操作绝缘子(套管绝缘子)上。分、合闸操作时,通过传动机构使拐臂运动从而带动操作绝缘子旋转使动触头与静触头分开或合上,来实现隔离开关的分合闸。

2.户外式隔离开关

户外式隔离开关可分为单柱式、双柱式和三柱式三种,常用的有 GW4、GW5 和 GW14 等系列。图 3-9 为 GW4-110 型双柱式户外隔离开关的外形结构。每相有两个支柱绝缘子,分别装在底座两端轴承座上,以交叉连杆连接,可以水平旋转。导电刀开关分成两半,分别固定在支柱绝缘子上,触头的接触位于两个瓷柱的中间。隔离开关的分、合闸操作是由传动轴通过连杆机构带动两侧的支柱绝缘子沿相反方向各转动 90°,使刀闸在水平面上转动来实现的。图中的刀闸在合闸位置。当主刀闸分开后,利用接地刀闸将待检修线路或设备接地,以保证安全。该系列隔离开关的主刀闸和接地刀闸可分别配各类电动型或手动型操动机构进行三相联动操作。

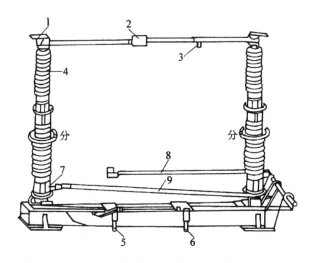

图 3-9 GW4-110 型双柱式户外隔离开关的外形结构

1—接线座;2—主触头;3—接地刀闸触头;4—支柱绝缘子;

5—主刀闸传动轴;6—接地刀闸传动轴;7—轴承座;

8—接地刀闸;9—交叉连杆

图 3-10 为 GW5-110D 型 V 形双柱式户外隔离开关的外形结构。它的基本结构与双柱式相同,但它的底座较小,可节约钢材,并使配电装置中的水泥支架和基础尺寸也相应缩小。它可采用手动或气动操动机构,在发电厂、变电所中应用较广泛。同时为保证检修工作安全还设置了接地刀闸。

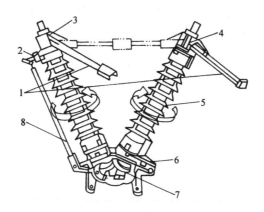

图 3-10　GW5-110D 型 V 形双柱式户外隔离开关的外形结构

1—主刀闸底座；2—接地静触头；3—出线座；4—导电带；5—绝缘子；6—轴承座；
7—伞齿轮；8—接地刀闸

　　隔离开关的操动机构有手动式、电动式和气动式三种。目前变电所中应用较多的是手动操动机构，它具有结构简单、价格低廉等优点，但不能实现远距离控制。当隔离开关采用电动或气动操动机构时，可以实现远距离控制和自动控制。

3.2.3　导体的发热和散热

　　发电厂和变电站中，母线（导体）大多采用硬铝、铝锰、铝镁合金等制成。在正常工作情况下通过工作电流或短路时通过短路电流，导体都会发热。下面首先了解导体发热的计算过程。

　1. 发热

　　导体的发热计算，是根据能量守恒的原理，即导体产生的热量与耗散的热量相等进行计算的。导体的发热主要来自导体电阻损耗的热量和吸收太阳照射的热量，这两种发热量之和应等于导体辐射散热量和空气对流散热量之和，即

$$Q_R + Q_S = Q_1 + Q_f$$

式中，Q_R 为单位长度导体电阻损耗的热量（W/m）；Q_S 为单位长度导体吸收太阳照射的热量（W/m）；Q_1 为单位长度导体的对流散

热量(W/m);Q_f 为单位长度导体向周围介质辐射散热量(W/m)。

（1）导体电阻损耗的热量

导体通过电流 I(A)时，单位长度导体上电阻损耗的热量为

$$Q_R = I^2 R_{ac}$$

导体的交流电阻 R_{ac} 为

$$R_{ac} = \frac{\rho[1 + \alpha_t(\theta_w - 20)]}{S} K_f$$

式中，ρ 为导体温度为 20℃时的直流电阻率（$\Omega \cdot mm^2/m$）；α_t 为电阻温度系数（$℃^{-1}$）；θ_w 为导体的运行温度（℃）；K_f 为导体的趋肤效应系数；S 为导体的截面积（mm^2）。

（2）太阳照射产生的热量 Q_S

吸收太阳照射的能量会造成导体温度升高，凡安装在屋外的导体应考虑太阳照射的影响。太阳照射的热量计算公式为（对于户外安装的圆管形导体）

$$Q_S = E_S A_S D$$

式中，E_S 为太阳照射的功率密度（W/m^2），我国取 $E_S = 1000W/m^2$；A_S 为导体的吸收率，对铝管取 $A_S = 0.6$；D 为圆管形导体的外径（m）。

2. 散热

散热的过程实质是热量的传递过程，其形式一般有三种：对流、辐射和导热。

（1）导体对流散热量

在气体中，各部分气体发生相对位移而将热量带走的过程称为对流。对流散热所传递的热量，与温差及散热面积成正比。导体对流散热量计算公式为

$$Q_1 = \alpha_1(\theta_w - \theta_0)F_1$$

式中，α_1 为对流换热系数[$W/(m^2 \cdot ℃)$]；θ_w 为导体温度（℃）；θ_0 为周围空气温度（℃）；F_1 为单位长度换热面积（m^2/m）。

由于条件不同，对流散热分为自然对流散热和强迫对流散热

两种情况。

1)自然对流散热

当屋内自然通风或屋外风速小于 0.2m/s 时,属于自然对流散热。空气自然对流散热系数,可按大空间湍流状态考虑。一般取

$$\alpha_1 = 1.5(\theta_w - \theta_0)^{0.35}$$

单位长度导体的散热面积与导体的尺寸、布置方式等因素有关。导体片(条)间距离越近,对流条件越差,故有效面积应相应减小。常用导体形式如图 3-11 所示。

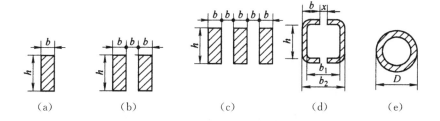

图 3-11　常用导体形式

(a)单条导体;(b)两条导体;(c);三条导体

(d)槽形导体;(e)圆管形导体

常用导体形式对流散热面积如下:

①图 3-11(a)所示为单条导体形式,其对流散热面积为

$$F_1 = 2(A_1 + A_2)$$

式中,A_1、A_2 为单位长度导体在高度方向和宽度方向的面积,当导体截面尺寸单位为 m 时,有

$$A_1 = \frac{h}{1000}, A_2 = \frac{b}{1000}$$

②图 3-11(b)所示为两条导体形式,其对流散热面积为

当 $b = \begin{cases} 6\text{mm} \\ 8\text{mm} \\ 10\text{mm} \end{cases}$ 时,$F_1 = \begin{cases} 2A_1 \\ 2.5A_1 + A_2 \\ 3A_1 + 4A_2 \end{cases}$

③图 3-11(c)所示为三条导体形式,其对流散热面积为

当 $b = \begin{cases} 8\text{mm} \\ 10\text{mm} \end{cases}$ 时, $F_1 = \begin{cases} 3A_1 + 4A_2 \\ 4(A_1 + A_2) \end{cases}$

④图 3-11(d)所示为槽形导体形式,其对流散热面积为

当 100mm $<h<$ 200mm 时, $F_1 = 2A_1 + A_2 = 2\left(\dfrac{h}{1000}\right) + \dfrac{b}{1000}$

当 $h>$ 200mm 时, $F_1 = 2A_1 + 2A_2 = 2\left(\dfrac{h}{1000}\right) + 2\left(\dfrac{b}{1000}\right)$

当 $b_2/x \approx 9$ 时,因内部热量不易从缝隙散出,平面位置不产生对流,故

$$F_1 = 2A_2 = 2\left(\frac{h}{1000}\right)$$

⑤图 3-11(e)所示为圆管形导体形式,其对流散热面积为
$$F_1 = \pi D$$

2)强迫对流散热

屋外配电装置中的圆管形导体常受到大气中风的吹动,风速越大,空气分子与导体表面接触的数目越多,对流散热的条件就越好,因而形成了对流散热。散热系数为

$$a_1 = \frac{Nu\lambda}{D}$$

其中

$$Nu = 0.13\left(\frac{VD}{\nu}\right)^{0.65}$$

式中,λ 为空气导热系数,当温度为 20℃ 时,$\lambda = 2.52 \times 10^{-2}$ W/(m·℃);D 为圆管形导体的外径(m);Nu 为努谢尔特准则数,是传热学中表示对流散热强度的一个数据;V 为风速(m/s);ν 为空气运动黏度系数,当空气温度为 20℃ 时,$\nu = 15.7 \times 10^{-6}$ m²/s。

（2）导体辐射散热量

根据斯蒂芬-玻耳兹曼定律,导体辐射散热量为

$$Q_f = 5.7\varepsilon\left[\left(\frac{273 + \theta_w}{100}\right)^4 - \left(\frac{273 + \theta_0}{100}\right)^4\right]F_f$$

式中,ε 为导体材料的辐射系数,见表 3-1;F_f 为单位长度导体的辐射换热面积(m²/m),不同形状导体辐射散热表面积有所不同。

表 3-1　导体材料的辐射系数

材料	辐射系数
表面磨光的铝	$0.039\sim0.057$
表面不光滑的铝	0.055
精密磨光的电解铜	$0.018\sim0.023$
有光泽的黑漆	0.875
无光泽的黑漆	$0.96\sim0.98$
白漆	$0.80\sim0.95$
各种不同颜色的油质涂料	$0.92\sim0.96$
有光泽的黑色虫漆	0.821
无光泽的黑色虫漆	0.91

（3）导体导热散热量

导热散热量计算式为

$$Q_{d} = \lambda F_{d} \frac{\theta_1 - \theta_2}{\delta}$$

式中，F_{d} 为导热面积；λ 为导热系数；δ 为物体厚度；θ_1 和 θ_2 为低温区和高温区的温度（℃）。

3.3　互感器

3.3.1　电流互感器

1.电流互感器工作原理及特点

图 3-12 所示为电流互感器的基本结构原理图，其结构特点如下：

①一次绕组匝数很少。

②二次绕组匝数较多，导体较细，阻抗大。

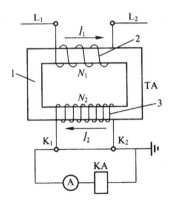

图 3-12　电流互感器基本结构原理图

1—铁心;2—一次绕组;3—二次绕组

电流互感器的一次电流 I_1 与其二次电流 I_2 之间有下列关系:

$$K_i = \frac{I_{1N}}{I_{2N}} \approx \frac{I_1}{I_2} = \frac{N_2}{N_1}$$

式中,N_1、N_2 为电流互感器一、二次绕组匝数;K_i 为电流互感器的电流比,一般为其一、二次的额定电流之比。

2. 电流互感器的主要参数

(1)额定电压

电流互感器的额定电压指一次绕组主绝缘能长期承受的工作电压等级。

(2)额定电流

电流互感器的额定一次电流有 5A、10A、15A、20A、30A、40A、50A、75A、100A、150A、200A、300A、400A、500A、750A、1000A、1500A 和 2000A 等多个等级;二次额定电流一般为 5A。

(3)准确度等级

准确度等级指电流互感器在额定运行条件下变流误差的百分数,分为 0.2、0.5、1、3 和 10 五个等级。

对于满足特殊使用要求(着重用于与特殊电能表连接,这些电能表在 0.05~6A 之间,即额定电流 5A 的 1%~120% 之间的某一电流下能做正确测量)的 0.2S 级和 0.5S 级(S 表示特殊使用)。保护用电流互感器的准确级有 5P 和 10P(P 表示保护)。

电流互感器除电流误差外,二次电流与一次电流之间还存在相位差,称为角误差。

电流互感器的误差与通过的电流和所接的负载大小有关。当通过的电流小于额定值或电阻值大于规定值时,误差都会增加。因此,电流互感器的准确度等级,应根据要求合理选择:通常 0.2 级用于实验室精密测量;0.5 级用于计费电能测量;而内部核算和工程估算用电能表及一般工程测量,可用 1 级电流互感器;继电保护用电流互感器采用 1 级或 3 级;差动保护则用准确度为 B 级铁心的电流互感器。各种准确度等级的电流互感器的误差限值见表 3-2。

表 3-2　电流互感器的准确度等级和误差限值

准确度等级	一次电流占额定电流的百分数(%)	误差限值	
		电流误差(±%)	角误差(′)
0.1	5	0.4	15
	20	0.2	8
	100	0.1	5
	120	0.1	5
0.2S	1	±0.75	±30
	5	±0.35	±15
	20~100	±0.2	±10
0.2	5	0.75	30
	20	0.35	15
	100	0.2	10
	120	0.2	10
0.5S	1	±1.5	±90
	5	±0.75	±45
	20~100	±0.5	±30

续表 3-2

准确度等级	一次电流占额定电流的百分数(%)	误差限值	
		电流误差(±%)	角误差(′)
0.5	5	1.5	90
	20	0.75	45
	100	0.5	30
	120	0.5	30
1	5	3.0	180
	20	1.5	90
	100	1.0	60
	120	1.0	60
3	50	3.0	无规定
	120	3.0	
5	50	5.0	无规定
	120	5.0	
5P	50	1.0	60
	120	1.0	60
10P	50	3.0	60
	120	3.0	60

(4)额定二次负荷 S_{2N}

指电流互感器在额定二次电流 I_{2N} 和额定二次阻抗 Z_{2N} 下运行时,二次绕组输出的容量($S_{2N}=Z_{2N}I_{2N}^2$)。由于电流互感器的二次电流为标准值(5A),故其容量也常用额定二次阻抗 Z_{2N} 来表示。

3.电流互感器的常见接线方案

(1)一相式接线

图 3-13(a)所示为一相式接线,只测量一相电流,常用在三相

对称负荷的电路中测量电流,或在继电保护中作为过负荷保护接线。

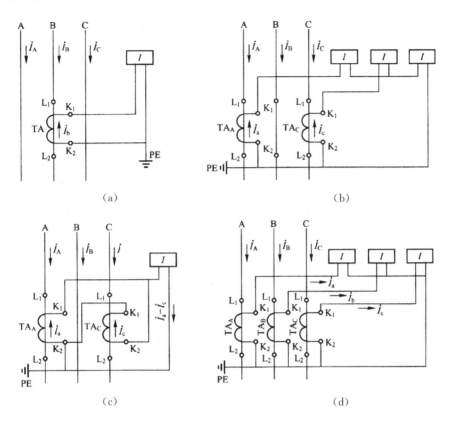

图 3-13　电流互感器的接线方案

(a)一相式接线;(b)两相 V 形接线;

(c)两相电流差接线;(d)三相星形接线

(2)两相 V 形接线

图 3-13(b)所示为两相 V 形接线,也称两相式不完全 Y 形接线。电流互感器和测量仪表均为不完全星形接线,不论电路对称与否,流过公共导线上的电流都等于装设电流互感器的两相(图中 A、C 相)电流的相量和,恰为未装互感器一相(图中 B 相)电流的负值,图 3-14 所示为两相 V 形接线的电流互感器一、二次电流相量图。

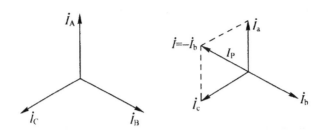

图 3-14　两相 V 形接线的电流互感器一、二次电流相量图

（3）两相电流差接线

图 3-13（c）所示为两相电流差接线。其二次侧公共导线上的电流为相电流的 $\sqrt{3}$ 倍，图 3-15 所示为两相电流差接线的电流互感器一、二次电流相量图。这种接线也广泛地应用于继电保护装置中，称为两相一继电器接线。

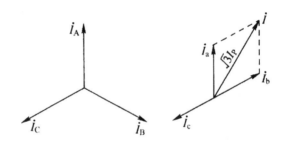

图 3-15　两相电流差接线的电流互感器一、二次电流相量图

（4）三相星形接线

图 3-15（d）所示为三相星形接线。电流互感器和测量仪表均为星形接线，广泛应用于 380V/220V 的三相四线制系统中，用于测量三相负荷电流，监视各相负荷的不对称情况或用于继电保护中。

3.3.2　电压互感器

1.电压互感器工作原理及特点

图 3-16 所示为电压互感器的基本结构原理图，其结构特点

如下：

①一次绕组并联于线路上,匝数多,阻抗大。

②二次绕组匝数较少,阻抗小。

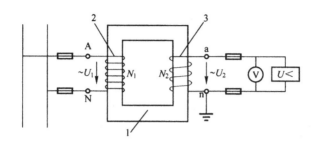

图 3-16　电压互感器的基本结构原理图

1—铁心;2—一次绕组;3—二次绕组

电压互感器一、二次绕组额定电压之比称为电压互感器的额定变比 K_u,即

$$K_u = \frac{U_{1N}}{U_{2N}} \approx \frac{N_1}{N_2}$$

式中,N_1、N_2 分别为电压互感器一次和二次绕组的匝数;U_{1N}、U_{2N} 分别为一次和二次电压的额定值。

2.电压互感器的主要参数

(1)额定电压

电压互感器的额定电压指一次绕组主绝缘能长期承受的工作电压等级。电压互感器的一次额定电压等级与所接线路的额定电压等级相同,二次额定电压一般为 100V。

(2)准确度等级

准确度等级指在规定的一次电压和二次负荷变化范围内,负荷功率因数为额定值时,变压误差的最大值,分为 0.2、0.5、1 和 3 四个等级。电压互感器也存在电压误差和角误差,其准确度等级及误差范围见表 3-3。

表 3-3　电压互感器的准确度等级及误差范围

准确度等级	最大误差		备注
	电压误差（±%）	角误差（±分）	
0.2	0.2	10	电压互感器误差应在负荷从额定值的20%变动到100%，一次电压从额定值的0.9变动到1.1和$\cos\varphi=0.8$时，不超过对应于准确度等级的值
0.5	0.5	20	
1	1	40	
3	3	无规定	

准确度为 0.2 级的电压互感器用于实验室的精密测量；0.5级用于变压器、线路和厂用电线路以及所有计费用的电能表接线中；1 级用于盘式指示仪表或只用来估算电能的电能表；3 级用于继电保护回路中。

（3）额定容量

额定容量指在额定一次电压和二次负荷功率因数下，电压互感器在其最高准确度等级工作所允许通过的最大二次负荷容量。

3. 电压互感器的接线方式

电压互感器的接线方式是指电压互感器与测量仪表或电压继电器之间的接线方式。常见的几种接线方式如图 3-17 所示。

（1）单相式接线

单相式接线如图 3-17（a）所示，用一个单相电压互感器接于电路中，可用来测量电网的线电压（小电流接地系统）或相对地电压（大电流接地系统）。

（2）V/V 形接线

V/V 形接线如图 3-17（b）所示，可用于测量任一线电压，但不能测量相电压，且输出容量只有电压互感器两台容量和的86%，主要用于中性点不接地的小电流接地系统中。

（3）Y_0/Y_0 联结

Y_0/Y_0 联结如图 3-17（c）所示，用三个单相电压互感器联结

成 Y_0/Y_0 形,可用来测量电网的线电压,并可供电给接相电压的绝缘监察电压表。

(4)$Y_0/Y_0/$(开口三角)联结

$Y_0/Y_0/$(开口三角)联结如图 3-17(d)所示,用三个单相三绕组电压互感器或一个三相五心柱式电压互感器联结成 $Y_0/Y_0/$ 形,可用来测量电网的线电压和相电压,主要用于小电流接地系统的绝缘监察装置。由于一次绕组星形联结的中性点接地,因此主二次绕组不仅可以测量线电压,而且能测量相电压;辅助二次绕组能测量零序电压,可接入交流电网绝缘监视仪表或继电器。

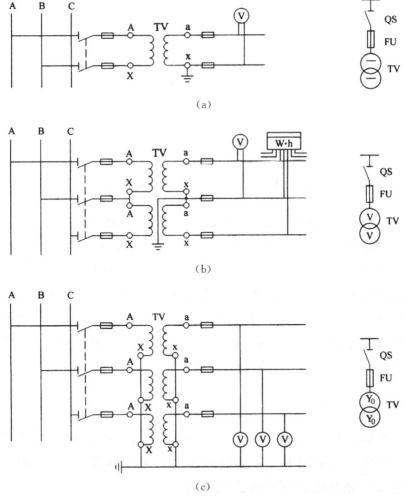

(a)

(b)

(c)

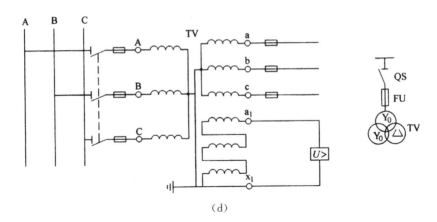

（d）

图 3-17　电压互感器的接线方式

（a）单相式接线；（b）V/V 形接线；

（c）Y_0/Y_0 形联结；（d）$Y_0/Y_0/$（开口三角）形联结

3.4　限流电器和保护电器

3.4.1　熔断器

熔断器是最简单和最早使用的一种过电流保护电器，当通过的电流超过某一规定值时，熔断器的熔体会因自身产生的热量自行熔断而断开电路。其主要功能是对电路及其设备进行短路或过负荷保护。熔断器的特点是结构简单、维护方便、体积小、价格便宜，因此在 35kV 及以下小容量电网中被广泛采用。它的主要缺点是熔体熔断后必须更换新熔体才能恢复供电，供电可靠性较差，因此必须和其他电器配合使用。

1.高压熔断器

根据安装地点的不同，高压熔断器分为户内式和户外式两大类。户内广泛采用 RN 系列的高压管式限流熔断器，户外则广泛使用 RW 系列的高压跌落式熔断器。

高压熔断器全型号的表示和含义如图 3-18 所示。

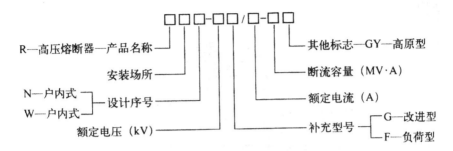

图 3-18　高压熔断器全型号的表示和含义

（1）户内高压管式熔断器

户内式熔断器常用型号有 RN1 和 RN2 两种，两者结构基本相同，都是充有石英砂填料的密闭管式熔断器。RN1 型用来保护电力线路和电力变压器，其熔体的额定电流较大，因此结构尺寸也较大，且它的熔体为一根或几根并联；RN2 型用来保护电压互感器，其熔体的额定电流较小（一般为 0.5A），因此结构尺寸也较小，且它的熔体均为单根。RN1 和 RN2 型熔断器的外形结构如图 3-19 所示。

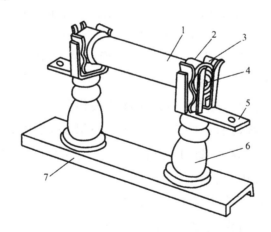

图 3-19　RN1 和 RN2 型熔断器的外形结构

1—瓷熔管；2—金属管帽；3—弹性触座；4—熔断指示器；
5—接线端子；6—支柱瓷瓶；7—底座

（2）户外高压跌开式熔断器

跌开式熔断器又称跌落式熔断器，常用型号有 RW4 和

RW10 两种。图 3-20 所示为 RW4 型高压跌落式熔断器的外形结构。

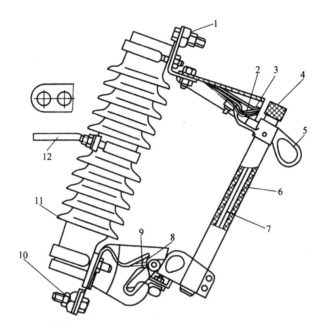

图 3-20　RW4 型高压跌落式熔断器的外形结构

1—上接线端子;2—上静触头;3—上动触头;4—管帽;5—操作环;6—熔管;7—铜熔丝;
8—下动触头;9—下静触头;10—下接线端子;11—瓷绝缘支座;12—固定安装板

跌落式熔断器主要由固定的瓷绝缘支座和活动的熔管两大部分组成。熔断器的熔管由钢纸管、虫胶桑皮纸等固体产气材料制成。正常运行时,熔管上部的动触头借熔丝拉力拉紧后,推到上静触头内锁紧,同时下动触头与下静触头也相互压紧,从而使电路接通。当电路长期过负荷或发生短路时,熔丝因过热而熔断,熔管的上动触头因失去熔丝的张力拉紧而下翻,使锁紧机构释放熔管,在动触头上翻的弹力和熔管自身重力作用下,熔管回转跌落,一方面用作熔断指示,另一方面造成明显可见的断开间隙,起到了隔离开关的作用。同时,熔丝刚熔断时,熔管内产生电弧,熔管内壁在电弧作用下产生大量气体,由于管内压力很高,使气体高速向外喷出,形成强烈的气流纵向吹弧,使电弧迅速拉长而熄灭。

跌落式熔断器不仅可作为 35kV 以下电力线路和电力变压器的短路保护,还可用高压绝缘钩棒拉合熔管,以接通或开断小容量的空载变压器、空载线路和小负荷电流。

2.低压熔断器

低压熔断器是串接在低压线路中的保护电器,主要用作低压配电系统的短路保护或过负荷保护。低压熔断器的种类很多,有瓷插式(RC 型)、螺旋式(RL 型)、无填料密闭管式(RM 型)、有填料密闭管式(RT 型)和自复式熔断器(RZ 型)等。下面简要介绍低压供配电系统中应用较多的几种熔断器。

(1)RM10 型密闭管式熔断器

RM10 型熔断器采用变截面的锌熔片作为熔体,以改善其保护性能。当线路发生短路故障时,由于熔片窄部的阻值较大,短路电流首先使熔片的窄部加热熔化,使熔管内形成几段串联短弧,加之中间各段熔片跌落,迅速拉长电弧,因此可加速电弧熄灭。当过负荷电流通过时,由于过负荷电流较小,加热时间较长,而熔片窄部的散热较好,因此往往不在熔片的窄部熔断,而是在熔片宽窄之间的斜部熔断。因此,由熔片熔断的部位,可以大致判断出使熔断器熔断的故障电流性质。

RM10 型熔断器的灭弧能力较差,不能在短路电流达到冲击值以前使电弧完全熄灭,所以属于"非限流"式熔断器。

这类熔断器具有结构简单、更换熔体方便和运行安全可靠等优点,因此被广泛应用于发电厂和变电所中的低压配电装置中。

(2)RT0 型有填料管式熔断器

RT0 型熔断器的熔体是用薄纯铜片冲制成的变截面栅状铜熔体,装配时将熔体卷成笼状放入瓷管中,管内充有石英砂填料。其栅状铜熔体具有引燃栅,利用引燃栅的等电位作用可使熔体在短路电流通过时形成多根并联电弧。同时,利用熔体具有的变截面小孔可将长电弧切割为多段短电弧。加之所有电弧都在石英砂中燃烧,可使电弧中离子的复合加强。此外,其熔体中部焊有

"锡桥",利用其"冶金效应"可使熔断器在较小的短路电流和过负荷电流时动作。因此,这类熔断器的灭弧能力很强,具有"限流"作用。

这类熔断器的保护性能好,断流能力大,在低压配电装置中被广泛采用。但它的熔体为不可拆式,因此在熔体熔断后整个熔断器报废,不够经济。

(3)RZ1 型自复式熔断器

RZ1 型自复式熔断器采用金属钠作熔体。在常温下,钠的电阻率很小,可使负荷电流顺畅通过;发生短路时,钠迅速汽化,电阻率变得很大,从而可限制短路电流。限流动作结束后,钠蒸气冷却,又恢复为固态钠,系统也恢复了正常工作状态。

因此,这种熔断器既能切断短路电流,又能自动恢复供电,缩短了停电时间。我国生产的 DZ10-100R 型低压断路器,实际上是由 RZ1-100 型自复式熔断器和 DZ10-100 型低压断路器配合使用的组合电器,利用自复式熔断器来切断短路电流,利用低压断路器来通断电路和实现过负荷保护。由此可见,这类电器兼有开关电器和保护电器的双重功能,在低压配电系统中会得到推广和应用。

3.4.2 电抗器

电力系统中安装的电抗器有限流电抗器、串联电抗器和并联电抗器。

1. 限流电抗器

限流电抗器有普通电抗器和分裂电抗器两类。限流电抗器的基本参数,除额定电压、额定电流外,还有额定百分比电抗 $X_r\%$,它等于电抗器一相中流过额定电流时的感抗电压降与其额定相电压之比,再乘以 100,即

$$X_r\% = \frac{\omega L_{rN} I_N \sqrt{3}}{U_N} \times 100 = \frac{X_r I_N \sqrt{3}}{U_N} \times 100$$

式中，L_{rN} 为额定自感值，H；I_N 为额定电流，A；U_N 为额定线电压，V。

限流电抗器按结构形式又可以分为混凝土柱式和干式空心两种。混凝土柱式电抗器由线圈、水泥支柱及支持绝缘子组成，它具有维护简单、不易燃；没有铁心，不存在磁饱和，电抗值线性度好等优点。干式空心电抗器采用环氧树脂浸透的玻璃纤维包封，整体高温固化，机械强度高，能承受户外恶劣的气候条件，可在户外使用。

限流电抗器在配电装置小间中的布置，按其额定电流的大小，有三相垂直、品字形和三相水平式布置三种方式。通常，线路电抗器额定电流较小，选用的电抗器重量轻，大多采用垂直布置；但当额定电流超过 1kA，电抗百分比值超过 5％～6％时，由于电抗器的重量和尺寸较大，如何采用垂直布置，就需增加电抗器小间的高度，故一般采用品字形布置；当额定电流超过 1.5kA 时，则常需采用水平布置方式。电抗器采用垂直布置时，B 相应放在A、C 相中间。品字形布置时，不应将 A、C 相重叠在一起，这是因为 B 相电抗器的线圈在绕制时，其绕向与 A、C 相相反，这样在外部短路时，电抗器间的最大电动力是吸力，而不是斥力，有利于电抗器支持绝缘子的稳定性。电抗器的安装方式如图 3-21 所示。

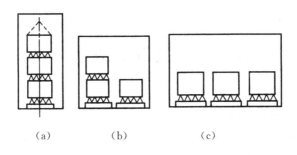

　　　(a)　　　　　　(b)　　　　　　(c)

图 3-21　电抗器的安装方式

(a)垂直布置；(b)品字形布置；(c)水平布置

当普通电抗器不能满足要求时，可采用分裂电抗器。分裂电抗器在线圈中间有一个抽头，将线圈分成匝数相等的两部分，中间抽头通常接在电源侧。在正常运行时电抗器的回路阻抗很小，短路时电抗器的回路阻抗很大，因此分裂电抗器具有正常时运行压降小、短路时限流作用大的特点。

2. 串、并联电抗器

在电力系统中,除应用限流电抗器外,还应用串联电抗器和并联电抗器。串联电抗器通常与系统中的电容补偿装置串接或与交流滤波装置回路中的电容器串联,组成谐振回路。串联电抗器在电力系统中的应用如图 3-22 所示。

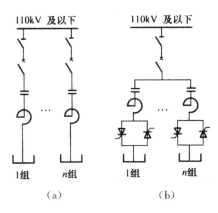

图 3-22　串联电抗器应用

(a)串接于由断路器投切的并联电容或交流滤波装置;
(b)串接于由可控硅投切的并联电容或交流滤波装置

3.5　电气设备的选择

电气设备的选择是发电厂和变电所电气设计的主要内容之一,正确地选择电气设备是使电气主接线和配电装置达到安全、经济运行的重要条件。

3.5.1　高压一次设备的选择

1. 高压断路器选择

高压断路器形式的选择应综合考虑安装地点的环境条件、使用的技术条件和安装调试与维护方便等诸因素。高压断路器选择主要指种类和形式的选择,额定电压、电流的选择,开断电流的选择,短路关合电流的选择,热稳定、动稳定校验等。

其选择和校验项目如下:

(1)形式的选择

高压断路器应根据断路器安装地点、环境和使用技术条件等要求选择其种类和形式。

①按工作电压选择。断路器额定电压应大于或等于安装地点电网的额定电压,即

$$U_N \geqslant U_{WN}$$

②按工作电流选择。断路器长期允许通过 I_y 应大于或等于各种可能允许方式下回路最大持续工作电流,即

$$I_y \geqslant I_{gmax}$$

式中,$I_y = K_\theta I_N$,K_θ 为环境温度修正系数。

③按开断电流选择。为了保证断路器开断可能的最大短路电流后还能继续可靠工作,必须按开断电流选择,即

$$I_{kN} \geqslant I_{tot} = \sqrt{I_t^2 + I_{dct}^2}$$

式中,I_{kN} 为断路器的额定开断电流(kA);t_k 为断路器的实际开断时间(s);I_{tot}、I_t、I_{dct} 分别为 t_k 时刻短路全电流有效值、周期分量有效值及非周期分量有效值(kA);

上式适用于高速开断(即 $t_k < 0.1s$)的情况。对于中速断路器(即 $t_k = 0.1 \sim 0.2s$),其非周期分量已衰减至 20% 以下,可以仅按开断电流的周期分量选择断路器,即

$$I_{kN} \geqslant I_t$$

为了简化计算和偏于安全,也可用次暂态电流 I''_k 计算,即

$$I_{kN} \geqslant I''_k$$

对于低速开断(即 $t_k > 0.2s$)的断路器,可按下式进行选择:

$$I_{kN} \geqslant I_{0.2}$$

式中,$I_{0.2}$ 为 0.2s 周期分量有效值(kA)。

（2）按短路关合电流校验

线路断路器还应按短路关合电流进行校验,要求断路器的额定关合电流应大于或等于短路冲击电流,即

$$i_{Ng} \geqslant i_p$$

（3）短路热稳定校验

短路电流通过电气设备产生了热效应,满足短路热稳定的一般条件是:

$$Q_{rN} \geqslant Q_k \quad 或 \quad I_{rN}^2 t \geqslant Q_k$$

式中,Q_{rN} 是电气设备额定热效应（$kA^2 \cdot s$）,制造部门常以 t_{rN} 秒额定热稳定电流 I_{rN} 表示;Q_k 为在短路计算时间 t 内,短路电流所产生的热效应（$kA^2 \cdot s$）。

Q_k 由短路电流的周期分量热效应 Q_t 和非周期分量热效应 Q_{dct} 组成,即

$$Q_k = Q_t + Q_{dct}$$

Q_t 的计算方法有辛普生公式法和等值时间法,这里仅介绍辛普生公式法。利用辛普生公式求积分近似值的方法,并经适当的假定,可得如下计算 Q_t 的公式:

$$Q_t = \frac{(I''_k)^2 + 10 I_{(t/2)}^2 + I_t^2}{12} t$$

式中,$I_{(t/2)}$ 为短路时间为 $\frac{t}{2}$ s 时的短路电流周期分量有效值。

利用上式进行计算其工作量小,有足够的准确度,故推荐采用。

短路电流非周期分量热效应 Q_{dct} 可用下式计算:

$$Q_{dct} = \int_0^t (\sqrt{2} I''_k e^{-\frac{t}{T_{dci}}})^2 dt = T_{dci} I''^2 (1 - e^{-\frac{2t}{T_{dct}}}) \qquad (3\text{-}5\text{-}1)$$

当短路持续时间 $t \gg T_{dci}$ 时,式(3-5-1)可简化为:

$$Q_{dct} = I''^2 T_{dci} \qquad (3\text{-}5\text{-}2)$$

式中,T_{dci} 是非周期分量衰减时间常数,一般取 0.05s。

（4）短路动稳定校验

短路时,电气设备承受的电动力效应决定于冲击短路电流,

为了校验方便,制造部门通常用额定动稳定电流即极限通过的电流峰值来表示电器承受动效应的能力。因此,满足开关电器动稳定的一般条件是:

$$i_{dN} \geqslant i_p$$

式中,i_{dN} 为电气设备的额定动稳定电流(kA);i_p 为三相短路冲击短路电流(kA)。

2.高压隔离开关的选择

高压隔离开关需与高压断路器配套使用,选择时主要针对额定电压、电流的选择及短路的热稳定、动稳定校验等,由于高压隔离开关不能用来接通和切除短路电流,故无须进行开断电流和短路关合电流的校验。

3.高压熔断器选择

高压熔断器额定电流的选择,除了根据环境条件确定采用户内型或户外型,以及确定是用于保护电力线路和电气设备还是保护互感器之外,还应包括确定熔管的额定电流和熔体的额定电流。

(1)熔管的额定电流

为了保证熔断器不致过热损坏,要求熔断器熔管的额定电流 $I_{N,f1}$ 不小于熔体的额定电流 $I_{N,f2}$,即

$$I_{N,f1} \geqslant I_{N,f2}$$

(2)熔体的额定电流

$$I_{N,f2} = k I_{max}$$

式中,I_{max} 为熔断器所在电路最大工作电流;k 为可靠系数,为防止熔体误动作而考虑留有一定的裕度。

(3)按开断电流选择

$$I_{kN} \geqslant I_{tot}(\text{或 } S_{kN} \geqslant S_{tot})$$

式中,I_{kN}(或 S_{kN})为熔断器的额定开断电流(kA)或额定开断容量(MVA);I_{tot} 为短路全电流(kA),对于限流型熔断器,取 $I_{tot} = I_k''$;

对于非限流型熔断器,须考虑非周期分量影响,取 $I_{tot}=I_p$(全电流最大有效值)。

保护电压互感器的熔断器,只需按额定电压和开断能力选择。

3.5.2 互感器的选择

1. 电流互感器的选择

选择电流互感器时,应根据安装地点(户内、户外)和安装方式(穿墙式、支持式、母线式等)选择其形式,其他选择项目如下:

(1)一次绕组的额定电压

应不低于安装地点电网的额定电压,即

$$U_N \geqslant U_{WN}$$

(2)一次绕组的额定电流

取线路最大工作电流或变压器额定电流的 1.2~1.5 倍,即

$$I_{1N} \geqslant I_{gmax} \text{ 或 } I_{1N}=(1.2-1.5)I_{TN}$$

(3)准确度等级与二次侧负荷的选择

为了保证电流互感器的准确度,其二次侧的实际负荷必须小于其准确度等级所规定的额定二次负荷,即

$$S_{N2} \geqslant S_2 \text{ 或 } Z_{N2} \geqslant Z_2$$

二次回路的负荷 S_2 取决于二次回路阻抗 Z_2 的值,即

$$S_2 = I_{N2}^2 Z_2 \approx I_{N2}^2 \left(\sum |Z_i + R_{WL} + R_{tou}| \right)$$

或

$$S_2 \approx \sum S_i + I_{N2}^2 (R_{WL} + R_{tou})$$

式中,S_i、Z_i 分别为仪表和继电器电流线圈的额定负荷(V·A)和阻抗(Ω);R_{tou} 为所有接头的接触电阻,取 0.1Ω;R_{WL} 为连接导线电阻,其计算公式为

$$R_{WL}=\frac{l_c}{\gamma A}$$

式中,A 为导线截面积(mm²);γ 为导线的电导率(m/Ω·mm²),

铜线取 53m/Ω · mm²,铝线取 32m/Ω · mm²;l_c 为连接导线的计算长度(m),与电流互感器的接线方式有关。假设从电流互感器二次端子到仪表、继电器接线端子的单向长度为 l,则互感器为一相式接线时,$l_c = 2l$;为三相完全星形联结时,$l_c = l$;为两相不完全星形联结和两相电流差接线时,$l_c = \sqrt{3}\,l$。

从产品技术说明书可知保证某一准确度时的 S_{N2},所要连接的仪表选定后,可求出满足准确度等级的连接导线电阻为

$$R_{WL} \leqslant \frac{S_{N2} - \sum S_i - I_{N2}^2 R_{tou}}{I_{N2}^2}$$

则连接导线的截面积为

$$A = \frac{l_c}{\gamma R_{WL}}$$

(4)按短路热稳定校验

满足短路热稳定的条件为:

$$K_{rN} \geqslant \frac{\sqrt{Q_k / t_{rN}}}{I_{1N}} \times 10^3$$

式中,K_{rN}、t_{rN} 分别为电流互感器的额定热稳定倍数及热稳定时间(s),可查表得;I_{1N} 是电流互感器的额定一次电流(A);Q_k 为短路电流热效应(kA² · s)。

(5)按短路动稳定校验

$$K_{dN} \geqslant \frac{i_p}{\sqrt{2}\,I_{1N}} \times 10^3$$

式中,K_{dN} 是电流互感器的额定动稳定倍数,可查表得;I_{1N} 为电流互感器的额定一次电流(A);i_p 为三相冲击短路电流(kA)。

2.电压互感器的选择

(1)电压的选择

电压互感器一次绕组的额定电压应与安装地点电网的额定电压相同,二次绕组的额定电压通常为 100V。

（2）准确度等级和二次侧负荷的选择

为了保证电压互感器的准确度，其二次侧的实际负荷必须小于其准确度等级所规定的额定二次负荷，即

$$S_{N2} \geqslant S_2 = \sqrt{\left(\sum_{i=1}^{n} S_i \cos\varphi_i\right)^2 + \left(\sum_{i=1}^{n} S_i \sin\varphi_i\right)^2}$$

式中，S_i、$\cos\varphi_i$ 分别为二次侧所接仪表并联线圈消耗的功率及其功率因数。

通常，电压互感器的三相负荷不完全相等，为满足准确度要求，应按最大负荷相选择额定容量。

第4章 电气一次系统

一次系统是电力网中电能传输的通路,通常把一次系统中生产、变换、输送、分配和使用电能的设备称为一次设备。由一次设备相互连接,构成发电、输电、配电的电气回路称为一次回路或一次接线系统。

4.1 电气一次接线

发电厂变电站的电气一次接线是由发电厂变电站所有高压电气设备通过连接导体组成,用来接受和分配电能的强电流、高电压电路,又称电气主接线。

4.1.1 电气主接线作用

电气主接线是电力系统网络结构的重要组成部分,对发电厂和变电站的安全、可靠、经济运行起着重要作用。电气主接线将直接影响到供电可靠性、电能质量、运行灵活性、配电装置布置、电气二次接线和继电保护以及自动装置的配置问题。

电气主接线图是根据电气设备的作用和对它们的工作要求,用规定的图形符号和文字符号、按一定顺序排列,详细地表示出电气设备基本组成和连接关系的接线图,也称电气一次接线图或主系统图。主接线图中常用电气设备的图形符号和文字符号见表 4-1。由于电力系统的三相对称性以及三相设备的一致性,为了清晰和方便,电气主接线图通常都采用单线图表示,根据需要只在局部地方绘成三相图。电气主接线图能直观地表示出全厂或全站所有电气设备的相互连接关系及运行情况,对运行的可靠性、灵活性、操作检修的安全方便性以及运行经济性都有着重大影响。

表 4-1　常用电气设备的图形符号和文字符号

序号	图形	名称	文字符号
1		三相同步发电机	G
2		三相感应电动机	M
3		双绕组变压器	TM 或 T
4		三绕组变压器或电压互感器	TM 或 T
5		自耦变压器	T
6		电抗器	L
7		电流互感器	TA
8		电压互感器	TV
9		熔断器	FU
10		避雷器	F

续表 4-1

序号	图形	名称	文字符号
11		隔离开关	QS
12		刀开关	QK
13		负荷开关	QL
14		跌落式熔断器	FU
15		断路器	QF
16		低压断路器或自动空气开关	QA

4.1.2　电气主接线的基本要求

　　发电厂、变电所的电气主接线,应根据其在电力系统中的地位与作用、建设规模、电压等级、线路回数、负荷要求、设备特点等条件来确定,并应满足工作可靠、运行灵活、操作方便、节约资金和便于发展过渡等要求。

（1）可靠性

安全可靠是电力生产的首要任务。对用户停电，通常将造成重大的经济损失与社会后果。在经济发达地区，故障停电的经济损失是实时电价的数十倍，乃至上百倍，事故停电甚至还可能导致严重的设备损坏和人身伤亡。主接线的可靠性可以定量计算，也可以定性分析。

（2）灵活性

电气主接线应能适应各种运行状态，灵活性主要应从下列方面考虑：

①能否按照调度的要求，方便而灵活地投切机组、变压器或线路，调配电源和负荷。

②能否根据检修的要求，方便而安全地对断路器、母线等主要电气设备进行检修。需要注意的是，过于简单的电气主接线可能满足不了运行方式的要求，而过于复杂的接线，则不仅投资过大，而且操作不便，增加误操作的概率。

③能否根据扩建的要求，可以方便地从初期接线过渡到最终的主接线，尽可能地不影响已经运行的部分，并且改建的工程量尽量小。

（3）经济性

经济性主要表现为以下方面：

①节省投资。

②占地面积小。

③年运行费用小。

④在可能的情况下，应采取一次设计，分期投资、投产，尽快发挥经济效益。

4.1.3　电气主接线的基本接线形式

电气主接线形式可分为有汇流母线和无汇流母线两大类，如图 4-1 所示。

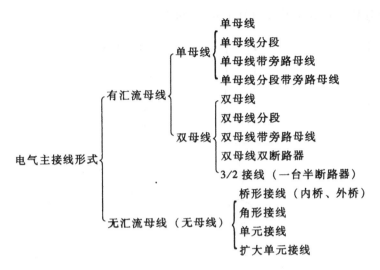

图 4-1　电气主接线形式分类

1. 有汇流母线接线形式

(1)单母线接线

母线又称汇流排,用于汇集和分配电能。图 4-2 所示为单母线接线,它的主要特点是电源和引出线都接在同一组母线上,为便于每回路的投入和切除,在每条引线上均装有断路器和隔离开关。

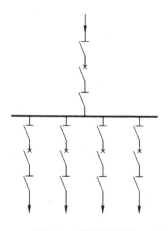

图 4-2　单母线接线

(2)单母线分段接线

单母线分段接线如图 4-3 所示。单母线用分段断路器 QF1

进行分段,正常工作时 QF1 是接通的。

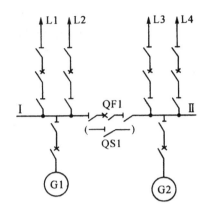

图 4-3　单母线分段接线

在降压变电所中低压侧采用单母线分段接线时,为了限制短路电流,简化继电保护,分段断路器 QF1 通常处于断开状态,即电源分列运行。在分段断路器 QF1 上装设备用电源自动投入装置,当任一分段电源断开时,QF1 自动接通。

(3)单母线带旁路母线接线

在单母线接线中,任何一条进线或出线的断路器检修时,该线路必须停电。采用带旁路母线的单母线接线,可解决该问题。

图 4-4 所示为带专用旁路断路器的单母线分段带旁路母线接线。正常运行时,旁路断路器及全部旁路隔离开关都是断开的。通常,旁路断路器两侧的隔离开关 QSp1、QSp2 处于合闸状态,旁路断路器 QFp1 处于随时待命的"热备用"状态。当检修某引出线断路器(如线路 L1 的断路器 QF1)时,为了使该回路供电不中断,可以将它倒换到旁路母线上。

不设专用的旁路断路器,而由分段断路器兼做旁路断路器如图 4-5 所示。这种接线方式可以减少设备,节省投资。正常工作时,QSd、QS3 和 QS4 断开,QFd、QS1 和 QS2 合上,旁路母线处于无电状态,配电装置运行于单母线分段状态。假设线路 L1 的断路器 QF1 需要检修,倒闸操作步骤为:

①合上分段隔离开关 QSd；

②断开分段断路器 QFd；

③拉开隔离开关 QS2；

④合上隔离开关 QS4；

⑤合上分段断路器 QFd,如果旁路母线完好,QFd 不会跳开；

⑥合上旁路隔离开关 QSp1；

⑦断开线路断路器 QF1；

⑧断开线路隔离开关 QS12；

⑨断开母线隔离开关 QS11。

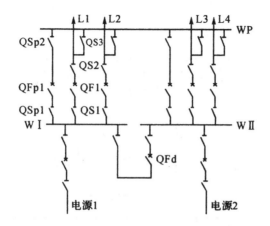

图 4-4 带专用旁路断路器的单母线分段带旁路母线接线

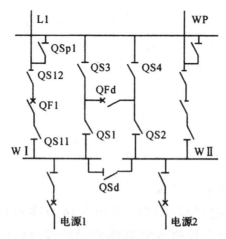

图 4-5 分段断路器兼旁路断路器接线

这时 L1 就经旁路母线供电,QF1 可退出运行,进行检修。此时两段工作母线处于单母线状态。

(4)双母线接线

双母线接线如图 4-6 所示,这种接线方式有两组母线,Ⅰ为工作母线,Ⅱ为备用母线,两组母线通过母线联络断路器 QFc 相连接,每一回路都通过线路隔离开关、一台断路器和两组母线隔离开关分别接到两组母线上。

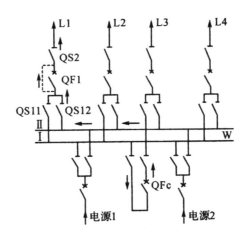

图 4-6　双母线接线

(5)双母线分段接线

为了缩小母线故障的停电范围,可采用双母线分段接线,如图 4-7 所示。分段断路器将工作母线分为 WⅠ段和 WⅡ段,每段工作母线用各自的母线联络断路器与备用母线相连,可以看作是单母线分段与双母线相结合的一种形式。

双母线分段接线具有相当高的供电可靠性与运行灵活性,但所使用的电气设备较多,配电装置也比较复杂,用于进出线回路比较多的配电装置或对运行可靠性与灵活性的要求很高的大型电厂(变电所)。

(6)双母线带旁路母线接线

双母线带旁路母线的接线是用旁路断路器代替检修回路的断路器工作,避免在检修线路断路器时造成该回路供电中断。

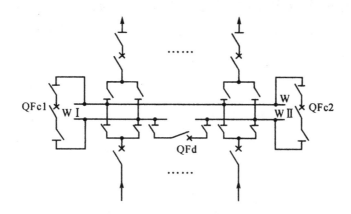

图 4-7　双母线分段接线

图 4-8 所示为带专用旁路断路器的双母线带旁路母线接线，图中 WP 为旁路母线，QFp 为旁路断路器。正常运行时 QFp 处于断开位置。当需要检修任何一个线路断路器时，可用旁路断路器来代替而不致停电。

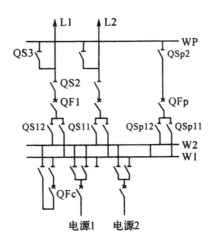

图 4-8　带专用旁路断路器的双母线带旁路母线接线

（7）一台半断路器双母线接线

改进后的单断路器双母线接线，当一组母线故障时将使得该组母线上的回路供电暂时中断，这对大容量发电厂和枢纽变电所而言是不允许的。同时，双母线接线母线切换时，利用隔离开关进行操作的次数很多,容易造成误操作。为此,对于重要的大容量发电厂和变电所可以考虑采用图 4-9 的一台半断路器双母线接线形式接线。

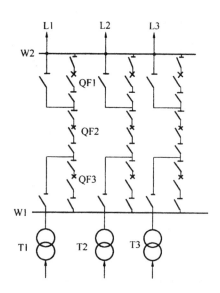

图 4-9　一台半断路器双母线接线

2.无汇流母线接线形式

(1)桥形接线

当具有两台变压器和两条线路时,在变压器-线路接线的基础上,在其中架一个连接桥,则成为桥形接线,如图 4-10 所示。按照桥连接断路器(桥连)的位置,可分为内桥[图 4-10(a)]和外桥[图 4-10(b)]两种接线。

有时为了在检修出线和变压器回路中的断路器时不中断线路和变压器的正常运行,再在桥形接线中附加一个正常工作时断开的带隔离开关的跨条。在跨条上装设两台隔离开关,目的是可以轮换停电检修任何一组隔离开关。

(2)角形接线

角形接线的每个边中含有一台断路器和两台隔离开关,各个边互相连接成闭合的环形,各进出线回路中只装设隔离开关,分别接至角形的各个顶点上。常用角形接线如图 4-11 所示。

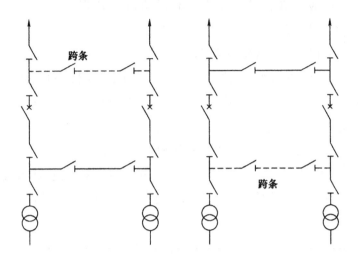

图 4-10　桥形接线

(a)内桥接线；(b)外桥接线

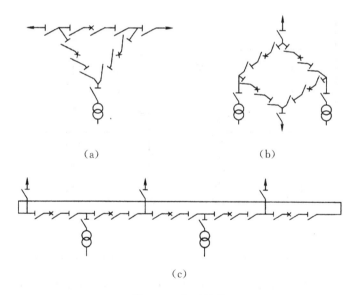

(a)　　　　　　　　　　(b)

(c)

图 4-11　角形接线

(a)三角形接线；(b)四角形接线；(c)多角形接线

在 110kV 及以上配电装置中,当出线回数不多,发展规模比较明确时,可以采用角形接线,特别在水电厂中应用较多。一般以采用三角或四角形为宜,最多不要超过六角形。

(3)单元接线

1)发电机-变压器单元接线

发电机-双绕组变压器单元接线,如图 4-12(a)所示,不设发电机电压母线,输出电能均经过主变压器送至高压电网。

发电机-三绕组变压器单元接线,如图 4-12(b)、图 4-12(c)所示。一般中等容量的发电机需升高两级电压向系统送电时,多采用发电机-三绕组变压器单元接线。这时发电机出口应装设断路器及隔离开关,以便某一侧停运时另外两侧可继续运行。

发电机-变压器-线路单元接线,如图 4-12(d)所示。这种接线使发电厂内不必设置复杂的高压配电装置,接线简单,减少了投资,适于无发电机电压负荷且发电厂离系统变电所距离较近的情况。

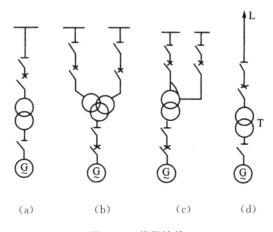

图 4-12　单元接线

(a)发电机-双绕组变压器单元;(b)发电机-三绕组变压器单元接线;

(c)发电机-自耦变压器单元接线;(d)发电机-变压器-线路单元接线

2)扩大单元接线

图 4-13(a)为发电机-双绕组变压器扩大单元接线。当发电

机单机容量不大,且系统备用容量允许时,为减少主变压器台数,以及相应的断路器数和占地面积,可将两台发电机与一台大型主变相连接,构成扩大单元接线。也有的电厂将两台 200MW 的发电机经由一台分裂绕组变压器接入 500kV 系统,如图 4-13(b)所示。

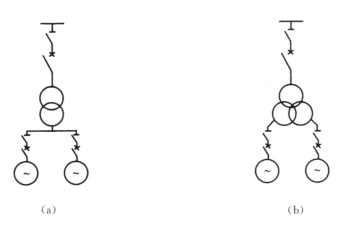

（a）   （b）

图 4-13　扩大单元接线

（a）发电机-双绕组变压器扩大单元接线；（b）发电机-分裂绕组变压器扩大单元接线

4.2　发电厂和变电所自用电接线

4.2.1　发电厂的厂用电及其接线

现代发电厂的厂用电,一般都由主发电机通过厂用变压器或电抗器经电缆线路供电。发电厂中的厂用电动机容量相差很大,从几千瓦到几兆瓦,因而采用一个厂用电的电压等级是不能满足要求的,必须根据所拖动设备的功率以及电动机的生产情况来选择电压等级。

考虑到用电设备所采用的额定电压,厂用供电网络的电压等级最好采用电动机的推荐电压等级。同时要求厂用电的电压等级数不宜过多,否则将使厂用电供电网络的结构复杂化,运行和维修也不方便,反而会降低供电的可靠性。

目前大中型火力发电厂中,厂用电系统广泛采用 6kV 和 380/220V 两种电压等级。当发电机电压为 6kV 时,厂用电高压系统亦采用 6kV,这样可以省去厂用高压变压器。当发电机电压为 10.5kV 及以上时,可经厂用降压变压器来获得 6kV 厂用高压电源。

发电厂的厂用电系统接线通常采用单母线分段接线形式,并多以成套配电装置接受和分配电能。

4.2.2　变电所的所用电及其接线

由于变电所的所用电较少,对中、小型变电所来说,所用电的总负荷一般为 20kVA,通常采用一台接成 Y,yn0 的所用变压器,从 6～10kV 降压为 380/220V 的三相四线制供电。

对于大、中型区域性变电所,特别是装有调相机的变电所,所用电负荷较大,重要的所用电负荷也会有所增加,其所用电负荷可达到 315～560kVA,且对可靠性要求高。这样的变电所应设两台所用变压器,并要求由两个独立电源供电。

变电所的所用电接线方式如图 4-14 所示。图 4-14(a)接线方式为两台所用变压器 #1、#2 分别由变电所 6～10kV 母线的两个分段(A、B 段)供电;图 4-14(b)接线方式为两台所用变压器 #1、#2 分别由不同电压等级的电源供电,#1 所用变压器取自变电所 6～10kV 母线供电,#2 所用变压器取自变电所高压侧(或系统)供电。显然,这种接线方式提高了所用电的供电可靠性。变电所两台所用变压器采用明备用或暗备用方式运行,并装设备用电源自动投入装置。

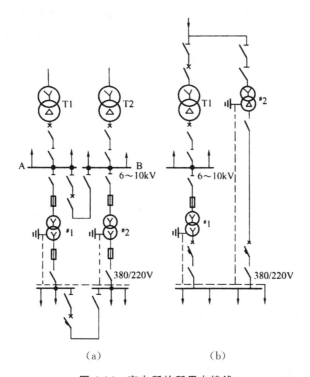

图 4-14　变电所的所用电接线

(a)#2 所用备用变压器电源取自变电所二次低压侧；

(b)#2 所用备用变压器电源取自变电所一次高压侧

4.2.3　不同类型发电厂的典型接线

1. 火力发电厂的典型接线

火力发电厂主要分为两类：

(1)地方性火力发电厂

地方性火电厂建设在城市或工业负荷中心，且多为热电厂。由于受供热距离的限制，一般热电厂的单机容量多为中、小型机组。

图 4-15 为某中型火电厂的厂用电接线图。电厂装有二机三炉，发电机电压为 10.5kV，通过两台主变 T1、T2 与系统联系。6kV 厂用高压母线为单母线，按炉分为 3 段，由三台 10.5/6.3kV 厂用高压变压器 T3～T5 分别接于发电机电压母线。由于机组

容量不大,不设启动电源和事故保安电源。备用电源采用明备用方式,设用专用备用变压器 T6,平时断开。当某一段厂用工作母线的电源回路故障时,相应断路器自动合闸,由备用变压器继续供电。

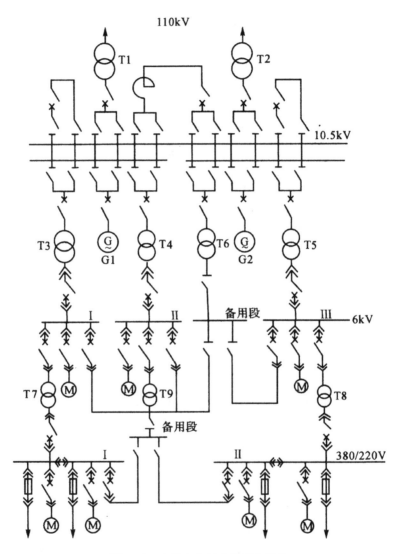

图 4-15　中型火电厂的厂用电接线

380/220V 厂用低压母线也采用单母线,按两台机组分为两段,由两台 6/0.4kV 厂用低压变压器 T7、T8 供电,T9 为备用厂用低压变压器,从 6kVⅡ段母线受电。

（2）区域性火电厂

图 4-16 为 4×100MW 机组火电厂的厂用电接线。4 台机组的厂用电系统相互独立，每台机组厂用高压工作电源分别从各自主变低压侧引接，高压备用电源是从 110kV 母线引接。高、低压厂用母线均为每机组两段。全厂设有输煤变压器两台，互为备用。

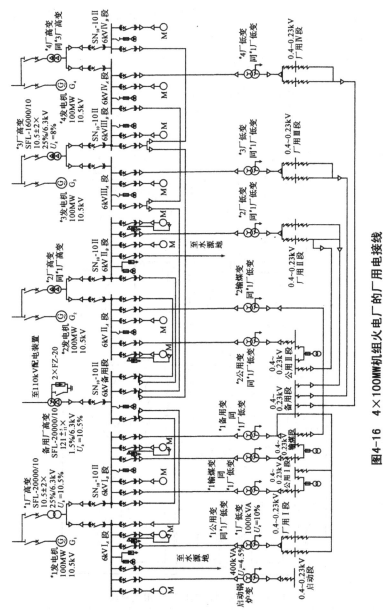

图4-16　4×100MW机组火电厂的厂用电接线

2.水力发电厂的典型接线

图 4-17 为大型水电厂的厂用电接线,该厂有 4 台机组,均为发电机-变压器单元接线,其中 G1、G4 的出口有断路器,当全厂停运时,可从系统取得电源。为了向坝区大型机械供电,如船闸等供电,设有两段 6kV 母线,由专用坝区变压器 T9 和 T10 供电,备用方式为暗备用。380/220V 低压厂用电系统由 T5～T8 供电,其备用电源由公用母线段引接,备用方式为明备用。

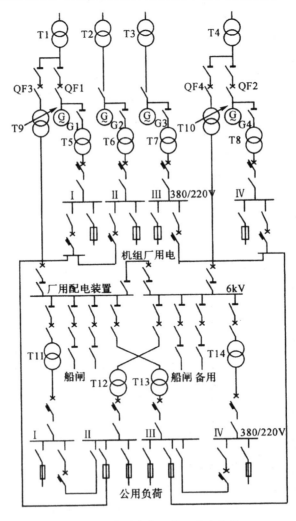

图 4-17 大型水电厂的厂用电接线

4.3　配电装置

按主接线图,由开关设备、保护电器、测量仪表、母线与必要的辅助设备所组成,用以接受和分配电能的装置总称为配电装置。

配电装置中的电气设备若是在现场进行组装,则称为装配式;若是在制造工厂组装,把开关电器、互感器等安装在柜中,然后成套运到安装地点,则称为成套配电装置。

4.3.1　屋内配电装置

1.屋内配电装置的分类

屋内配电装置的结构形式与电气主接线形式、电压等级和电气设备,如断路器结构形式、有无电抗器等有密切的关系。目前,我国发电厂和变电所中 6~10kV 屋内配电装置,按其布置形式的不同可以分为单层式、两层式和三层式三种。

单层式是将所有电气设备布置在一层中,占地面积较大,通常采用成套开关柜单层布置,由于受开关柜规格的限制,这种布置仅用于中、小型变电所及单机容量为 12MVA 及以下的小型发电厂中。当引出线有电抗器时,采用两层式布置。从技术、经济上来说都是比较合理的,因此,两层式在大、中容量的发电厂中得到较广泛的应用。近年来还有采用两层装配与成套混合式布置形式的。三层式屋内配电装置是将所有电气设备按主接线要求和设备轻重分别布置在三个楼面上,这种形式的配电装置具有安全、可靠、占地面积小等优点,但是配电装置结构复杂、造价高、检修和运行不太方便。因此,目前在发电厂和变电所中应用较少。

配电装置的结构以及有关设备的布置和连接方式,通常用平面图、断面图和配置图综合表示。

平面图是按比例画出房屋及其间隔、走廊和出口等处的平面布置轮廓，从而确定间隔数目和排列，可以不画出所安装的电器。

断面图是表明配电装置所取断面间隔中各设备的相互连接及具体布置的结构图，此图需要按比例画出。

配置图是一种示意图，根据选定的主接线方式，将所有电气设备合理地布置在各层间隔中，并表示出导线和电器，以及配电装置的走廊、间隔的轮廓等。此图不按比例画出，故不能表示实际的安装情况，但是便于了解整个配电装置设备的内容和布置，以便统计所用电气设备。

屋内配电装置有下列优点：

①外界环境条件（如气温、湿度、污秽和有害气体等）对电气设备的运行影响不大，因此可以减少维护工作量，提高运行可靠性。

②在屋内进行操作，既方便又不受大气条件的影响。

③占地面积较小。

其缺点是土建费用较大。

2. 屋内配电装置实例

(1)6～10kV 两层式配电装置

图 4-18 所示为两层二走廊式双母线带出线限流电抗器 6～10kV 屋内配电装置布置实例图。

母线和隔离开关设在第二层，两组母线用墙隔开，便于一组母线工作时检修另一组母线。三相母线垂直布置，相隔距离为 0.75m。三相母线用隔板隔开，可以避免母线短路。为了充分利用第二层的面积，母线呈单列布置。第一层布置电抗器和断路器等笨重设备，并按双列布置，中间为操作走廊，操作比较方便。出线电抗器小间与出线断路器小间沿纵向前后布置。

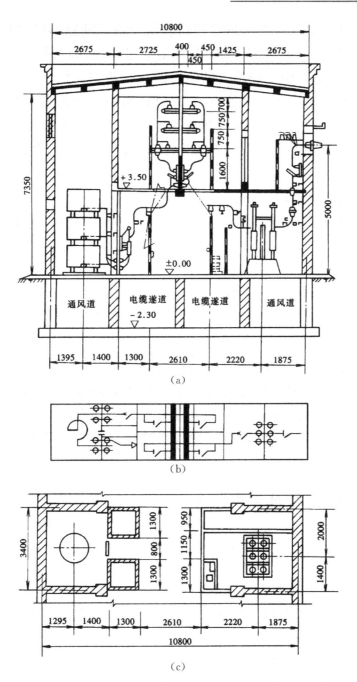

图 4-18　两层二走廊式双母线带出线限流电抗器 6～10kV

屋内配电装置布置实例图（单位：mm）

(a)断面图；(b)出线及电抗器单元接线；(c)图(b)的布置图

当变压器或发电机进线回路装设少油式断路器时,可参见该图右边的间隔布置情况。在该间隔中用金属网门隔出一个维护小走廊,供运行中巡视检查断路器的运行状态。该回路的进线在第二层经穿墙套管由屋外引入,穿过楼板引至断路器。当进线需要装设电压互感器时,可将其布置于第二层的进线间隔中。

为了在操作走廊上能观察到母线隔离开关的工作状态,在母线隔离开关间隔的楼板上开了一个观察孔。但这对安全不利,如发生故障时,两层便互有影响。

总体来说,两层二走廊式配电装置的操作集中,走廊和层数较少,巡视路线短,再加上断路器均布置在第一层,维修、运行都较为方便,施工和投资也较少。

(2)35kV屋内配电装置

图4-19所示为单层二走廊式,单母线分段、35kV屋内配电装置布置实例图。母线采用垂直布置,母线、母线隔离开关与断路器分别设在前后间隔内,中间用隔墙隔开,可减小事故影响范围。配电装置中所有的电器均布置在较低的地方,施工、检修均很方便,但出线(指架空线)要跨越母线,需设网状遮栏;单列布置通道长,巡视不如双列布置方便,对母线隔离开关的开闭状态监视也不便。

4.3.2 屋外配电装置

1.屋外配电装置的分类

根据电气设备和母线在空间布置的情况,具体可分为低型、中型、半高型和高型三种类型,其中半高型配电装置布置的高度介于中型和高型之间。

(1)低型配电装置

低型配电装置是将电器和母线布置在同一个水平面的地面基础上。母线一般采用硬母线,并用绝缘子固定在支架上。这种形式配电装置目前我国采用得不多,仅在地震烈度较高的地区,电压等级为 110kV 的配电装置中才被采用。

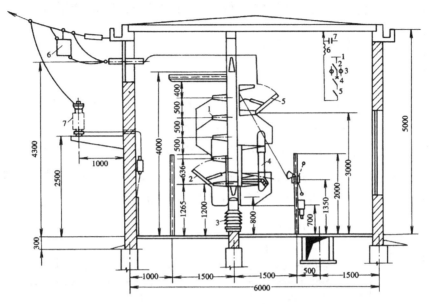

图 4-19　单层二走廊式、单母线分段、35kV 屋内配电装置布置实例图(单位:mm)

1—母线;2—隔离开关;3—电流互感器;4—断路器;5—隔离开关;

6—阻波器;7—耦合电容器

（2）中型配电装置

中型配电装置是将所有电器布置在同一个水平面较低的基础上,主母线一般采用多股软导线,由悬垂式绝缘子串固定。水平布置的母线高于开关电器所在水平面。中型配电装置是我国屋外配电装置普遍采用的一种布置方式。

（3）高型配电装置

高型屋外配电装置中,电气设备空间形成三层布置。断路器安装在地面基础上,母线隔离开关位于断路器之上,主母线又在母线隔离开关之上,或两组母线上、下重叠。母线采用多股绞线,由悬垂绝缘子串固定。

屋外配电装置的优点:

①减少土建工程量和费用,缩短建造时间。

②可使相邻设备之间的距离适当加大,运行更加安全。

③扩建方便。

其缺点则是由于电气设备都敞露于屋外,受环境条件影响较大,电气设备的外绝缘要按运行于屋外来考虑,价格会增高。

2.屋外配电装置实例

(1)中型配电装置

图 4-20 所示为 220kV 双母线进出线带旁路、合并母线架、断路器单列布置的配电装置。采用 GW4－220 型隔离开关和少油断路器,除避雷器外,所有电气设备均布置在 2～2.5m 的基础上;母线及旁路母线的边相距离隔离开关较远,故在引下线设有支持绝缘子。由于断路器采用单列布置,主变进线(虚线表示)要跳高跨线布置,降低了可靠性。

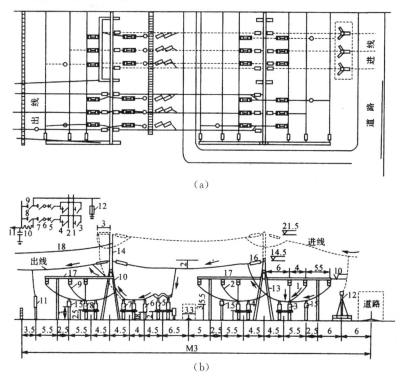

(a)

(b)

图 4-20 220KV 双母线进出线带旁路、合并母线架、断路器单列布置的配电装置(单位:m)
(a)平面图;(b)断面图

1、2、9—线线Ⅰ、Ⅱ和旁路母线;3、4、7、8—隔离开关;5—少油断路器;6—电流互感器;10—阻波器;11—耦合电容器;12—避雷器;13—中央门型架;14—出线门型架;15—支持绝缘子;16—悬式绝缘子串;17—母线构架;18—架空地线

图 4-21 所示为 500kV 一台半断路器接线、断路器三列布置的进出线断面图。断路器采用三列布置,一、二列间布置出线;二、三列间布置进线。分相中型配电装置有布置简单,清晰,占地少的优点;缺点主要是管形母线施工较复杂,因为强度关系不能上人检修,使用的柱式绝缘子防污、抗振能力差。

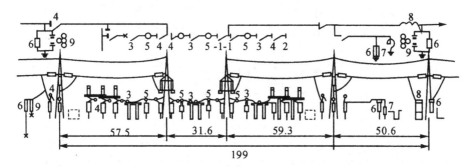

图 4-21　500kV 一台半断路器接线、断路器三列布置的进出线断面图(单位:m)

1、2—主母线Ⅰ、Ⅱ;3—断路器;4—伸缩式隔离开关;5—电流互感器;6—避雷器;
7—并联电流器;8—阻波器;9—铝合电容器及电压互感器

(2)半高型配电装置

半高型配电装置的用意是兼具中、高型配电装置的优点,并克服两者的缺点。

图 4-22 所示为 110kV 双母线进出线带旁路母线接线,半高型配电装置出线断面图。该布置将两组主母线及隔离开关均抬高到同一高度,将出线断路器、电流互感器以及出线隔离开关等设备布置在其中一组主母线下方,另一组主母线下面设置搬运道路。如果电气主接线是单母线带旁路母线接线,按半高型布置,则将不常带电运行的旁路母线抬高。

半高型配电装置的优点是纵向尺寸较中型小,可以比普通中型配电装置节省占地面积 30%,耗用钢材和中型接近;缺点主要是检修母线隔离开关不方便。

(3)高型配电装置

图 4-23 所示为 220kV 高型配电装置进出线断面图。采用双母线、进出线均带旁路、三框架、断路器双列布置。这种布置方式

为两组母线作重叠布置,其下没有电气设备;旁路母线放置在高层,其下为双列布置的进出线断路器和电流互感器。

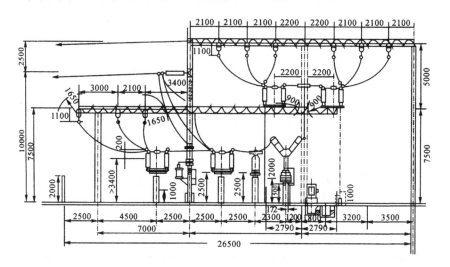

图 4-22   110kV 双母线进出线带旁路母线接线,半高型配电装置出线断面图(单位:m)

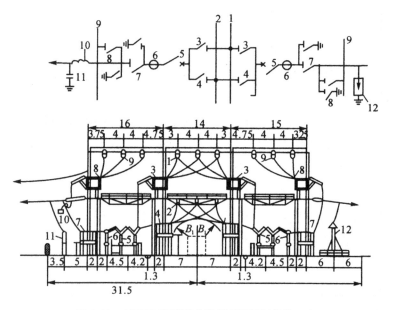

图 4-23   220kV 高型配电装置断面图(单位:m)

1、2—主母线;3、4、7、8—隔离开关;5—断路器;6—电流互感器;9—旁路母线;10—阻波器;11—耦合电容;12—避雷器

高型配电装置在 110kV 电压级中较少采用。对于 220kV 电压级,高型配电装置节省用地的效果十分显著,因此主要用于场地受到限制的情况。500kV 配电装置由于电气设备体积大,并且多为 3/2 断路器电气主接线,故不宜采用高型布置。

4.4　接地装置

4.4.1　接地体

接地装置中的接地体有自然接地体和人工接地体两大类。

设计接地装置时,应尽可能广泛地利用自然接地体。经常作为自然接地体的有:

①埋在地下的自来水管及其他金属管道。

②金属井管。

③建筑物和构筑物与大地连接的或水下的金属结构。

④建筑物的钢筋混凝土基础等。

自然接地体的接地电阻应由实测来确定,在设计时可根据同类已有的装置实例和近似公式来计算,或参考有关手册。

人工接地体的材料可以采用垂直敷设的角钢、圆钢或钢管以及水平敷设的圆钢、扁钢等。当土壤存在有强烈腐蚀的情况下,应采用镀锡、镀锌的接地体,或适当加大截面。

作垂直接地装置用的钢管长度一般为 2～3m,钢管外径为 35～50mm。角钢尺寸一般为 40mm×40mm×4mm 或 50mm×50mm×4mm,长 2.5m 左右。此外接地装置的导体截面,在考虑了热稳定要求和腐蚀方面的要求后,其最小尺寸见表 4-2。

表 4-2 钢接地体和接地线的最小尺寸

名称	建筑物内	屋外	地下
圆钢,直径(mm)	5	6	8
扁钢,截面(mm²)	24	48	48
扁钢,厚(mm)	3	4	4
角钢,厚(mm)	2	2.5	4
钢管,管壁厚(mm)	2.5	2.5	3.5

钢管或角钢在垂直埋入地中时,应使其顶端埋入地面以下 0.4～1.5m 处,在这个深度范围内土壤电阻率受季节影响的变动较小。钢管和角管的数目由计算决定,但其数目不少于 2 根。此外,当接地体的长度超过 3m 时,散流电阻减少甚微,但却增加了施工难度,故一般不予采用。埋入土中的钢管或角钢在其上端用扁钢焊接,扁钢埋入地下 0.3m 的深处。

4.4.2 接地和接地装置

具有接地装置的电气设备,当绝缘损坏、外壳带电时,人若触及电气设备,接地电流将同时沿着电气设备的接地装置和人体两条通路流过,流过每一条通路的电流值与其电阻的大小成反比,接地装置的电阻越小,流经人体的电流也越小,当接地装置的电阻足够小时,流经人体的电流几乎等于零,因而,人体就能避免触电的危险。

1.接地装置的构成

接地装置是由接地极(埋入地中并与大地接触的金属导体)和接地线(电气装置、设施的接地端子与接地极连接用的金属导电部分)所组成。由若干接地极在大地中相互连接而组成的总体,称为接地网。

2.接地装置的散流效应

当发生电气设备接地短路时,电流通过接地极向大地作半球状扩散,这一电流称为接地电流。所形成的电阻叫散流电阻。接地电阻是指接地装置的对地电压与接地电流之比,用 R_E 表示。

在离接地极 20m 的半球面处对应的散流电阻已经非常小,故将距离接地极 20m 处的地方称为电气上的"地"电位,如图 4-24(a)所示。电气设备从接地外壳、接地极到 20m 以外零电位之间的电位差,称为接地时的对地电压,用 u_E 表示。电位分布如图 4-24(b)所示。

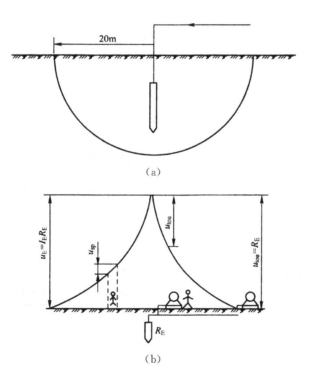

(a)

(b)

图 4-24　对地电压、接触电压和跨步电压示意图

(a)电气上的"地"电位;(b)电位分布

根据上述电位分布,在接地回路里,人站在地面上触及绝缘损坏的电气装置时,人体所承受的电压称为接触电压,用 u_{tou} 表示;人的双脚站在不同电位的地面上时,两脚间所呈现的电压称

为跨步电压,用 u_{sp} 表示。根据接地装置周围大地表面形成的电位分布,距离接地体越近,跨步电压越大。当距接地极 20m 外时,跨步电压为零。

4.4.3 接地装置的形式

接地装置主要有外引式和环路式两种形式。将接地体集中布置在电气装置外的某一点称为外引式,如图 4-25 所示。把接地体环绕接地装置布置,连成路状并在其中装设若干均压带,则称为环路式,如图 4-26 所示。

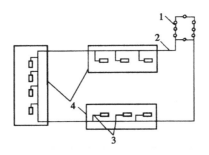

图 4-25 外引式接地装置

1—接地体;2—接地干线;3—接地支线;4—电气装置

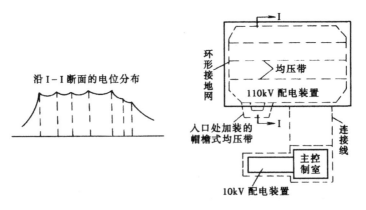

图 4-26 环路式接地装置

为了进一步减小环路式接地装置中的接触电压和跨步电压,还可在屋外配电装置的接地网内部埋设均压扁钢条。为了减少在环网出口处的跨步电压,可在出口的不同深度处加埋扁钢接成半环形(有时称为帽檐式)并与接地网相连,则电位沿出口处可以更平稳地下降。同时整个环网的边角部分都做成圆弧形,以改善电场分布,增加均压效果。

引入屋内的接地网是接地干线,敷设在配电装置的每层房屋内部,由几条上下联系的导线互相连接,接地干线应该有几个地点与接地体连接。接地干线用扁钢和圆钢、角钢制成。

接地线和接地体之间的连接应该采用电焊。每一接地的元件应该用单独的支线直接连接于接地干线和接地体,不得串联连接。接地元件与支线的连接一般用螺栓。

第5章　电力系统过电压与保护

变电所的防雷保护和接地装置是确保安全供配电的重要设施之一,而电气安全包括电气设备的安全和人身安全,是电气设计、施工中必须引起高度重视的问题。本章从过电压和防雷的基本概念出发,简要介绍电力系统的防雷保护装置,并在最后简述安全用电的有关知识。

5.1　电力系统过电压与防雷概述

5.1.1　过电压的种类

在电力系统中,过电压使绝缘破坏是造成系统故障的主要原因之一。电力系统在运行中,由于雷击、误操作、故障、谐振等原因引起的电气设备电压高于其额定工作电压的现象称为过电压。过电压按其产生的原因不同,可分为内部过电压和外部过电压两大类。

1. 内部过电压

内部过电压又分为操作过电压和谐振过电压等形式。对于因开关操作、负荷剧变、系统故障等原因而引起的过电压,称为操作过电压;对于系统中因电感、电容等参数在特殊情况下发生谐振而引起的过电压,称为谐振过电压。根据运行经验和理论分析表明,内部过电压的数值一般不超过电气设备额定电压的 3.5 倍,对电力系统的危害不大,可以从提高电气设备本身的绝缘强度来进行防护。

2.外部过电压

外部过电压又称雷电过电压或大气过电压,它是由于电力系统的导线或电气设备受到直接雷击或雷电感应而引起的过电压。雷电过电压所形成的雷电流及其冲击波电压可高达几十万安和一亿伏,因此,对电力系统的破坏性极大,必须加以防护。

5.1.2 雷电的基本知识

1.雷电的形成

雷电或称闪电,是大气中带电云块之间或带电云层与大地之间所发生的一种强烈的自然放电现象。雷电有线状、片状和球状等形式。

由于高空气流的流动,正、负雷云均在空中飘浮不定,当带不同电荷的带电雷云相互间或带电雷云与大地间接近到一定程度时,就会产生强烈的放电,放电时瞬间出现耀眼的闪光和震耳的轰鸣,这种现象就叫雷电。雷云对大地的放电通常是阶跃式的,可分为三个主要阶段:先导放电、主放电和余光。

2.雷电流的特性

雷电流是一个幅值很大、陡度很高的冲击波电流,用快速电子示波器测得的雷电流波形示意图如图 5-1 所示。雷电流从零上升到最大幅值这一部分,叫波头,一般只有 $1\sim4\mu s$;雷电流从最大幅值开始,下降到 1/2 幅值所经历的时间,叫波尾,数十微秒。图中,I_m 为雷电流的幅值,其大小与雷云中的电荷量及雷云放电通道的阻抗(波阻抗)有关。

雷电流的陡度 α,用雷电流在波头部分上升的速度来表示,即 $\alpha=di/dt$。雷电流的陡度可能达到 $50kA/\mu s$ 以上。一般来说,雷电流幅值越大时,雷电流陡度越大,产生的过电压($u=Ldi/dt$)越高,对电气设备绝缘的破坏性越严重。因此,如何降低雷电流陡度是防雷设计中的核心问题。

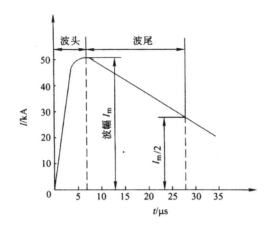

图 5-1 雷电流波形图

3. 雷电过电压的种类

雷电可分为直击雷、感应雷和雷电侵入波三大类。

（1）直击雷过电压

雷电直接击中电气设备、线路、建筑物等物体时，其过电压引起的强大雷电流通过这些物体放电入地，从而产生破坏性很大的热效应和机械效应。这种雷电过电压称为直击雷。图 5-2 所示是直击雷示意图，雷云对地面的雷击大多为负极性的雷击，只有约10%的雷击为正极性的雷击。

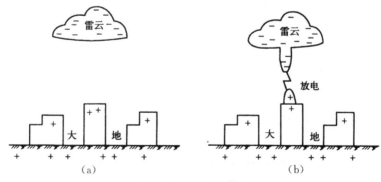

图 5-2 直击雷示意图

（a）负雷云在建筑物上方时；（b）雷云对建筑物放电

（2）闪电感应（感应雷）过电压

闪电感应是指闪电放电时，在附近导体上产生的雷电静电感应和雷电电磁感应，它可能使金属部件之间产生火花放电。

架空线路上的闪电静电感应过电压如图 5-3 所示，输电线路上的静电感应过电压可达几万甚至几十万伏，导致线路绝缘闪络及所连接的电气设备绝缘遭受损坏。在危险环境中未做等电位连接的金属管线间可能产生火花放电，导致火灾或爆炸危险。

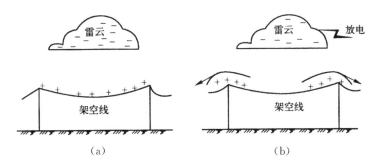

图 5-3　架空线路上的闪电静电感应过电压

（a）雷云在线路上；（b）雷云在放电后

（3）雷电波侵入

架空线路遭到直接雷击或感应雷而产生的高电位雷电波，可能沿架空线侵入变电所或其他建筑物而造成危害。这种雷电过电压形式称为雷电波侵入。据统计，这种雷电波侵入占电力系统雷电事故的 50%～70%，因此，对其防护问题应予以足够的重视。

5.2　电力系统过电压防护

在系统运行中，由于操作、故障或其他原因引起系统内部电磁能量的振荡、积聚和传播而产生的过电压，称为内部过电压。内部过电压分为工频过电压、操作过电压和电磁谐振过电压等。

5.2.1　工频过电压

1.工频过电压及类型

常见的工频电压升高有以下几种：
①空载长线末端电压升高。
②不对称短路时，在正常相上工频电压的升高。
③突然甩负荷引起工频电压升高。

2.限制工频过电压的措施

限制工频过电压的措施有以下两种。
①利用并联电抗器。利用并联电抗器补偿线路上的电容，由理论分析与实际运行表明，并联电抗器的接入，可降低场线路上的工频过电压。
②利用静止补偿器。静止补偿器本身具有可控的电抗器组，具有调节系统无功功率、控制系统电压和提高系统稳定性的功能。
一般工频电压升高对系统中具有正常绝缘的电气设备没有什么危险，但伴随着工频电压升高的同时，往往同时发生操作过电压，二者叠加，其幅值会达到很高。

5.2.2　操作过电压

图 5-6 所示为单根避雷线的保护范围。

1.操作过电压及类型

操作过电压是电路系统内进行开关操作或系统出现事故时，电力系统由一种稳定状态转变到另一种状态，在某些设备上，甚至全部系统中出现很高的过电压。
常见的操作过电压有以下几种：
①空载线路合闸过电压。

②切空载线路过电压。

③切空载变压器过电压。

④中性点不接地系统中弧光接地过电压。

前三种操作在电力系统中是常见操作。大量统计表明,切空载线路过电压的幅值可达 3 倍相电压以上,而且作用于全部线路。

过电压波及面比较广,持续时间长(因为中性点不接地系统中,允许带单相接地运行时间为 0.5~2h),且单相不稳定电弧接地在系统中出现的机会有很多,因此,电弧接地过电压对中性点不接地系统的危害性是不容忽视的。

2.限制操作过电压的措施

①采用灭弧能力强的快速断路器,如采用真空断路器、压缩空气断路器、SF_6 断路器等。

②采用带并联电阻的断路器,并联电阻的接入,用于抑制振荡,减小过电压的数值。

③利用避雷器限制操作过电压。

5.3　电力系统的防雷保护装置

5.3.1　避雷针

避雷针的作用是引雷。当雷电先导临近地面时,避雷针使雷电场畸变,改变雷云放电的通道到避雷针,然后经与避雷针相连的引下线和接地装置将雷电流泄放到大地中去,使被保护物免受直接雷击。

1.单支避雷针的保护范围

避雷针的保护范围用滚球法确定,单支避雷针的保护范围如

图 5-4 所示,图中 h_r 为滚球半径。

当避雷针高度为 h 时, $h \leqslant h_r$,地面上的保护半径 r_0 为

$$r_0 = \sqrt{h(2h_r - h)}$$

高度 h_x 的 xx' 平面上的保护半径 r_x

$$r_x = r_0 - \sqrt{h_x(2h_r - h_x)}$$

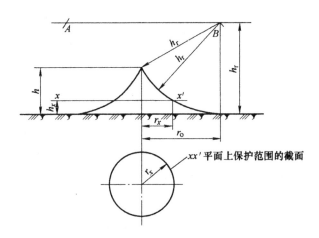

图 5-4 单支避雷针的保护范围

2.两支避雷针的保护范围

两支等高避雷针的保护范围如图 5-5 所示。在避雷针高度 $h \leqslant h_r$ 的情况下,当每支避雷针的距离 $D \geqslant 2\sqrt{h(2h_r - h)}$ 时,应各按单支避雷针保护范围计算;当 $D < 2\sqrt{h(2h_r - h)}$ 时,按下列方法确定:

①$AEBC$ 外侧按单支避雷针的方法确定。

②两支避雷针之间 C、E 两点位于两针间的垂直平分线上,在地面每侧的最小保护宽度 b_0 为

$$b_0 = CO = EO = \sqrt{2(2h_r - h) - \left(\frac{D}{2}\right)^2}$$

在 AOB 轴线上距 O 点 x 处的保护范围上边线的保护高度 h_x 为

$$h_x = h_r - \sqrt{(h_r - h)^2 + \left(\frac{D}{2}\right)^2 - x^2}$$

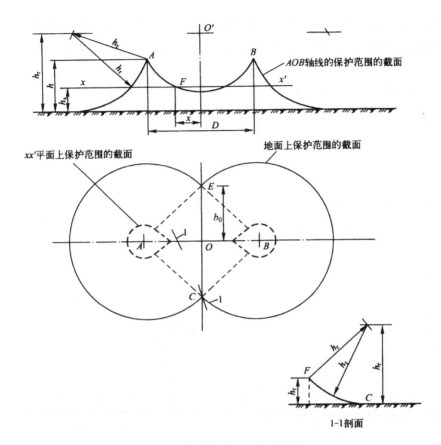

图 5-5　两支等高避雷针的保护范围

其轨迹是以 O' 为圆心,以 $\sqrt{(h_r-h)^2+(D/2)^2}$ 为半径所作的圆弧 AB。

③两杆间 $AEBC$ 内的保护范围。ACO、BCO、BEO 和 AEO 部分的保护范围确定方法相同,以 ACO 保护范围为例,在任一保护高度 h_x 和 C 点所处的垂直平面上以 h_r 作为假想避雷针,按单支避雷针的方法逐点确定。如图 5-5 中 1-1 剖面图。

④确立 xx' 平面上保护范围。以单支避雷针的保护半径 r_x 为半径,以 A、B 为圆心作弧线与四边形 $AEBC$ 相交;同样以单支避雷针的 (r_0-r_x) 为半径,以 E、C 为圆心作弧线与上述弧线相接,如图 5-5 中的粗虚线。

两支不等高避雷针的保护范围的计算,在 h_1、h_2 分别小于或

等于 h_r 的情况下，当 $D \geqslant \sqrt{h_1(2h_r-h_1)} + \sqrt{h_2(2h_r-h_2)}$ 时，避雷针的保护范围计算应按单支避雷针保护范围所规定的方法确定。

5.3.2 避雷线

图 5-6 所示为单根避雷线的保护范围。

当单根避雷线高度 $h \geqslant 2h_r$ 时，无保护范围。

当避雷线的高度 $h < 2h_r$ 时，保护范围应按以下方法确定：确定架空避雷线的高度时应计及弧垂的影响。在无法确定弧垂的情况下，当等高支柱间的距离小于 120m 时架空避雷线中点的弧垂宜采用 2m，距离为 120～150m 时宜采用 3m。

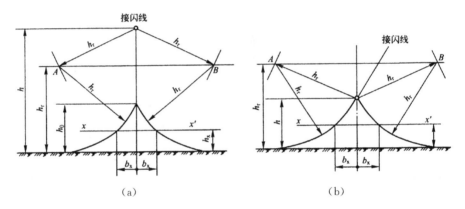

图 5-6 单根避雷线的保护范围

(a)当 $2h_r > h > h_r$ 时；(b)当 $h < h_r$ 时

保护范围最高点的高度 h_0 按下式计算：

$$h_0 = 2h_r - h$$

避雷线在 h_x 高度的 xx' 平面上的保护宽度 b_x 按下式计算：

$$b_x = \sqrt{h(2h_r-h)} - \sqrt{h_x(2h_r-h_x)}$$

式中，h 为避雷线的高度；h_x 为保护物的高度。

5.3.3 避雷器

雷电击中送电线路后，行波沿导线前进，若无适当的保护措施，必然进入变电所或其他用电设备，造成变压器、电压互感器等设备的绝缘损坏,避雷器就是防止行波侵入而设置的保护装置。

　　避雷器使用时是将避雷器与被保护的设备相并联,避雷器的放电电压低于被保护设备绝缘耐压值。当有沿线入侵的过电压时,将首先使避雷器击穿对地放电,从而保护了设备的绝缘。避雷器的分类如图 5-7 所示。

避雷器 $\begin{cases} \text{保护间隙} \\ \text{排气式避雷器（管式避雷器）} \\ \text{阀式避雷器} \begin{cases} \text{普通阀式避雷器} \\ \text{磁吹阀式避雷器} \end{cases} \\ \text{金属氧化物避雷器} \end{cases}$

图 5-7　避雷器的分类

1. 保护间隙

　　保护间隙是最为简单经济的防雷设备。图 5-8 所示为角型间隙图,常见的角型结构有两种。其中一个电极接于线路,另一个电极接地,当线路过电压时,间隙击穿放电,将雷电流泄入大地。为了防止间隙被外物(如鼠、鸟等)短接,通常在其接地引下线中还串接一辅助间隙,以确保运行安全。

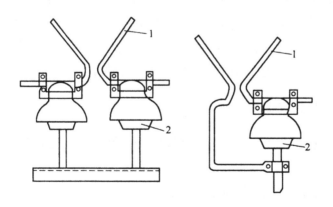

图 5-8　角型间隙

(a)装在铁横担上;(b)装在木横担上

1—羊角电极;2—支持绝缘子

保护间隙多用于线路上。由于保护性能差,灭弧能力弱,所以对装有保护间隙的线路,一般还要求装设自动重合闸装置与它配合使用,以提高供电可靠性。

2. 管式避雷器

管式避雷器主要由产气管、内部间隙和外部间隙等组成,图5-9 所示为管式避雷器结构图。

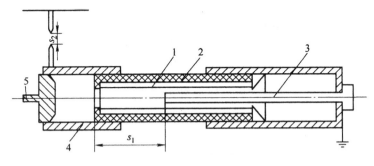

图 5-9 管式避雷器结构图

1—产气管;2—胶木管;3—棒形电极;4—环形电极;5—动作指示器;

s_1—内部间隙;s_2—外部间隙

当线路上遭到雷击或发生感应雷时,大气过电压使管式避雷器的外部间隙和内部间隙击穿,强大的雷电流通过接地装置流入大地。内部间隙的放电电弧使管内壁纤维材料分解出大量气体,气体压力升高,并由管口喷出,形成强烈的吹弧作用,当电流过零时电弧熄灭。管式避雷器一般多用于线路上。

3. 阀式避雷器

阀式避雷器由火花间隙和阀片电阻组成,装在密封的瓷套管内。

(1)普通阀式避雷器

1)火花间隙

普通阀式避雷器的火花间隙由许多个接近均匀电场的小电极间隙串联组成。图 5-10 所示为单个火花间隙结构图。

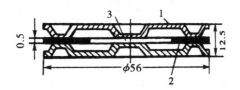

图 5-10　单个火花间隙结构图

1—黄铜电极；2—云母垫圈；3—间隙放电区

该火花间隙主要有以下几个作用：

①在系统正常工作时，间隙将电阻阀片与工作母线实现隔离，使工作电压不能作用于阀片上，避免阀片因长期流过短路电流发热使阀片烧坏。

②由于火花间隙采用均匀电场电极组成，其伏秒特性较平坦，易于与被保护设备的伏秒特性相配合。

③由于火花间隙由许多小电极间隙串联组成，工频续流电弧将被这些间隙分割成许多短弧，使电弧容易熄灭。由此使火花间隙切断工频续流的能力大大加强，使火花间隙具有较好的灭弧性能。普通阀式避雷器的火花间隙一般可以切断 $80\sim100A$ 的工频续流。

2）阀片电阻的伏安特性

普通阀片电阻由金刚砂（SiC）和结合剂在 $300℃\sim500℃$ 烧结而成，其电阻值随流过电流的大小而变化，阀片电阻的伏安特性如图 5-11 所示。

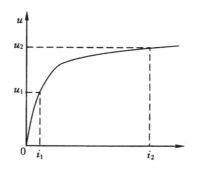

图 5-11　阀片电阻的伏安特性

i_1—工频续流；u_1—工频电压；i_2—雷电流；u_2—残压

该阀片电阻有一个很有趣的特点,就是在流过小电流(如工频续流)时电阻大($R_1 = \dfrac{u_1}{i_1}$),而在流过很大的电流(如雷电流)时电阻小($R_2 = \dfrac{u_2}{i_2}$)。这使得它在电流很大的情况下具有很好的限压作用。

阀片电阻伏安特性也可以采用下式表示:

$$u = Ci^{\alpha}$$

式中,C 为常数;α 为非线性指数,普通型阀片的 α 一般在 0.2 左右。

显然,α 愈小,说明阀片的非线性程度愈高,保护性能愈好。最理想的情况是 $\alpha = 0$,此时无论电流如何变化电压均保持恒定,即 $u = C$,伏安特性呈一水平直线;而对于普通线性电阻,即为 $\alpha = 1$ 的情况。阀片电阻的伏安特性比较图如图 5-12 所示。

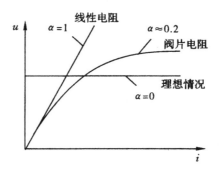

图 5-12 阀片电阻的伏安特性比较图

(2)磁吹阀式避雷器

磁吹火花间隙主要是利用磁场对电弧所产生的电动力,迫使间隙中的电弧加速运动、旋转或拉长,使弧柱中的去游离作用增强,从而大大提高其灭弧能力,它可以切断高达 450A 左右的工频续流。

磁吹避雷器主要有旋弧型和灭弧栅型两种类型。

1)旋弧型磁吹避雷器

图 5-13 所示为旋弧型磁吹避雷器的结构示意图。旋弧型磁

吹避雷器是利用由外界永久磁铁所产生的磁场,使电弧在磁场中受电动力的作用沿着圆形间隙高速旋转,使弧柱得到快速冷却,加速去游离过程,由此使间隙的灭弧能力得到明显提高,它能可靠切断幅值为 300A 的工频续流。这种磁吹间隙避雷器主要用于电压较低的磁吹避雷器中,例如保护旋转电机的 FCD 系列磁吹避雷器。

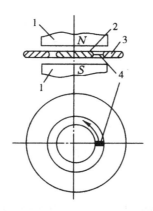

图 5-13 旋弧型磁吹间隙避雷器的结构示意图

1—永久磁铁;2—内电极;3—外电极;4—电弧

(箭头表示电弧旋转方向)

2)灭弧栅型磁吹避雷器

图 5-14 为灭弧栅型磁吹间隙避雷器的结构示意图。在冲击过电压的作用下,主间隙 3 和辅助间隙 2 被同时击穿,放电电流经辅助间隙 2、主间隙 3 和阀片电阻 7 流入大地,限制了过电压幅值。辅助间隙是必需的,如果没有辅助间隙,巨大的冲击电流势必会流过磁吹线圈 1,此时线圈的电感会形成很大的电抗,与阀片电阻一起产生很高的残压。

当冲击电压波顺利入地后,避雷器上会继续流过工频续流,此时线圈的感抗将变得很小,磁吹线圈 1 上的压降很低,不能维持辅助间隙 2 上的电弧,所以辅助间隙中的电流很快转入磁吹线圈中,电弧自动熄灭。这样,工频续流将通过磁吹线圈 1 并产生磁吹磁场,主间隙 3 中的工频续流电弧在该磁场的作用下被迅速拉长吹入灭弧栅 5 的狭缝中,电弧迅速熄灭。

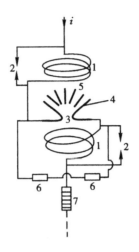

图 5-14 灭弧栅型磁吹避雷器的结构示意图

1—磁吹线圈；2—辅助间隙；3—主间隙；4—主电极；

5—灭弧栅；6—分路电阻；7—阀片电阻

这种磁吹间隙一般用于电压等级较高的磁吹避雷器中，例如保护变电所用的 FCZ 系列磁吹避雷器。

4.氧化锌避雷器

氧化锌避雷器是目前最先进的过电压保护设备。氧化锌避雷器主要有普通型（基本型）、有机外套氧化锌避雷器、整体式合成绝缘氧化锌避雷器和压敏电阻氧化锌避雷器 4 种类型。图5-15为氧化锌避雷器的外形结构，图 5-15（a）、（b）分别为基本型（Y5W-10/27 型）、有机外套（HY5WS17/50 型）氧化锌避雷器的外形结构图。

有机外套氧化锌避雷器有无间隙和有间隙两种，前者广泛应用于变压器、电机、开关和母线等电力设备的防雷，后者主要用于 6～10kV 中性点非直接接地配电系统的变压器、电缆头等交流配电设备的防雷。

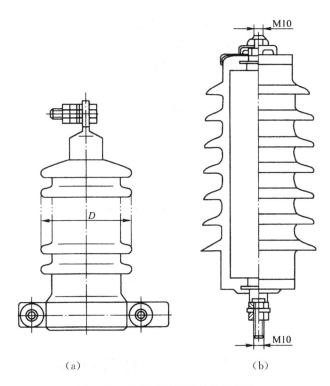

（a）　　　　　　　　　　　　　（b）

图 5-15　氧化锌避雷器的外形结构

（a）Y5W-10/27 型；（b）HY5WS17/50 型

5.3.4　消雷器

消雷器是利用金属针状电极的尖端放电原理,使雷云电荷被中和,从而不致发生雷击现象。消雷器由离子化装置、联结线及地电流收集装置等三部分组成。

图 5-16 所示为消雷器防雷原理图,当雷云出现在消雷器及其被保护设备上方时,消雷器及其附近大地都要感应出与雷云电荷极性相反的电荷。设靠近地面的雷云是带负电荷的,则大地要感应出正电荷。由于消雷器浅埋地下的地电流收集装置通过联结线与高台上安有许多金属针状电极的离子化装置相连,大地的大量正电荷在雷电场作用下,向雷云方向运动,使雷云被中和,雷电场减弱,从而防止雷击的发生。

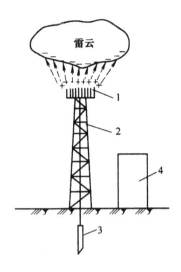

图 5-16　消雷器防雷原理

1—离子化装置;2—联结线;3—接地装置;4—被保护物

5.4　变配电所的防雷保护

变电所、配电所的防雷有两个重要方面:对直击雷的防护和对由线路侵入的过电压的防护。

运行经验表明:装设避雷针、避雷线对直击雷进行防护,是非常有效的。由于沿线路侵入的雷电波造成的雷害事故相当频繁,故必须装设避雷器加以防护。

5.4.1　对直击雷的防护

独立避雷针受雷击时,在接闪器、引下线和接地体上都产生很高电位,如果避雷针与附近设施的距离不够,它们之间便会产生放电现象。这种情况称为反击。为了防止反击,必须使避雷针和附近金属导体间有一定的距离,图 5-17 所示为避雷针与被保护物间允许距离,从而使绝缘介质闪络电压大于反击电压。独立避雷针与被保护物之间的空气距离应符合下式要求:

$$s_k \geqslant 0.3R_{sh} + 0.1h$$

式中，s_k 为避雷针与被保护物间的空气距离（m）；R_{sh} 为独立避雷针的冲击接地电阻（Ω）；h 为避雷针校验点高度（m）。s_k 一般不应小于 5m。

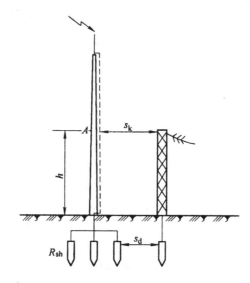

图 5-17　避雷针与被保护物间允许距离

5.4.2　对线路侵入雷电波的防护

除装设避雷器外，对工厂降压变电所还应采取下列措施：

①未沿全程架设避雷线的 35kV 架空线，应在变电所 1～2km 的进线段架设避雷线。图 5-18 所示为 35～110kV 全线无避雷线线路变电所进线段标准防雷保护的典型线路图。

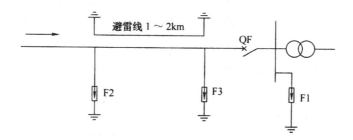

图 5-18　35～110kV 全线无避雷线线路变电所进线段标准防雷保护的典型线路图

对于一般线路来说,无须装设管型避雷器 F2。当线路的耐冲击绝缘水平特别高,致使变电所中阀式避雷器通过的雷电流可能超过 5kA 时,才装设一组 F2,并使 F2 处的接地电阻尽量降低到 10Ω 以下。

②对于容量较小的工厂变电所,还可以根据其重要性和雷暴日数采取简化的进线保护。

对容量为 3150～5600kVA 的变电所,可以考虑采用避雷线长为 500～600m 的进线保护段,如图 5-19 所示。

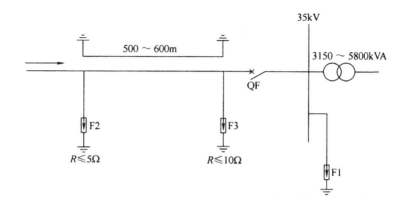

图 5-19　简化进线段保护(电压 35kV,容量 3150～5600kVA)

F1—阀式避雷器;F2、F3—管式避雷器或保护间隙

5.4.3　配电装置防雷保护

为防止雷电冲击波沿高压线路侵入变电所,对所内设备特别是价值最高但绝缘相对薄弱的电力变压器造成危害,在变配电所每段母线上装设一组氧化锌避雷器,并应尽量靠近变压器,距离一般不应大于 5m。图 5-20 为 3～10kV 变配电所进线防雷保护接线,图 5-21 为电力变压器的防雷保护及其接地系统。图 5-20 中的 F3 避雷器的接地线应与变压器低压侧接地中性点及金属外壳连在一起接地。

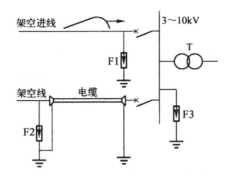

图 5-20　3～10kV 变配电所进线防雷保护接线

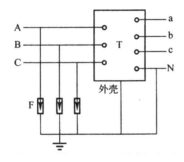

图 5-21　电力变压器的防雷保护及其接地系统

5.5　电力系统绝缘配合

5.5.1　绝缘配合概述

1.绝缘配合的定义

所谓绝缘配合,就是综合考虑电气设备在电力系统中可能承受的各种电压、保护装置的特性和设备绝缘对各种作用电压的耐受特性,合理地确定设备必要的绝缘水平,以使设备的造价、维修费用和设备绝缘故障引起的事故损失,达到在经济上和安全运行上总体效益最高的目的。

2.绝缘配合试验类型

绝缘配合的核心问题就是确定电气设备的绝缘水平,它往往是以设备绝缘在各种耐压试验中能够承受的试验电压值来表示。

对应于设备绝缘可能承受的各种作用电压,在进行绝缘试验时,主要有以下几种试验类型:

①短时(1min)工频耐压试验。

②长时间工频电压试验。

③操作冲击耐压试验。

④雷电冲击耐压试验。

3.过电压在电气设备绝缘水平选取中的重要作用

①对于 220kV 及以下的电网,电网中电气设备的绝缘水平主要由大气过电压决定。

②对于 330kV 及以上的超高压电网,电网中电气设备的绝缘水平主要由操作过电压决定。

③对于 1000kV 及以上的特高压电网,电网中电气设备的绝缘水平可能由工频过电压和长时间工作电压决定。

④对于处于严重污秽地区的电网,其外绝缘经常会在正常工作电压的作用下发生污闪事故,因此,严重污秽地区的电网的外绝缘水平主要由系统的最大运行相电压决定。

5.5.2　绝缘配合的方法

绝缘配合的方法有惯用法、统计法和简化统计法三种。

惯用法既适用于有自恢复能力的绝缘,也适用于无自恢复能力的绝缘,是绝缘配合中被广泛使用的最常用的方法;而统计法和简化统计法仅仅适用于对自恢复绝缘进行绝缘配合,通常在超高压电网的外绝缘设计中使用;简化统计法是将统计法和惯用法的思想有机地结合在一起后形成的一种简化计算方法。

1. 惯用法

这种方法首先是确定电气设备绝缘上可能出现的最危险的过电压,然后再根据经验乘上一个因考虑各种因素影响而在两者之间必须保留一定裕度的一个系数,从而决定绝缘应耐受的电压水平。即:

$$U_j = kU_{gmax}$$

式中,U_j 为设备的绝缘水平;U_{gmax} 为系统中的最大过电压幅值;k 为裕度系数,$k > 1$。

惯用法的优点是简单、直观,但它也有缺点。惯用法常常会使得所确定的绝缘水平偏高,造成不经济,而这一点在超高压电网中显得尤为突出(在超高压系统中降低绝缘水平具有十分显著的经济效益);另外,采用这种方法也不可能定量地估计出设备可能出现事故的概率。正是由于上述两个方面的原因,导致了统计法和简化统计法在超高压电网外绝缘设计中的逐步推广和应用。

2. 统计法

统计法是根据过电压幅值和绝缘的耐受强度都是随机变量的实际情况,在已知过电压幅值和绝缘放电电压的概率分布后,用计算方法求出绝缘放电的概率和线路的跳闸率,在技术经济比较的基础上,正确地确定绝缘水平。

应用统计法的前提是必须事先充分掌握作为随机变量的各种过电压和各种绝缘电气强度的统计特性(概率密度、分布函数等)。

在实际工程中采用上述统计法进行绝缘配合还是相当麻烦的,为此 IEC 又推荐了一种"简化统计法",以便于在工程实践中应用。

5.5.3　输变电设备绝缘水平的确定

1. 输变电设备绝缘水平确定的主要步骤

①确定避雷器的保护水平:包括雷电冲击保护水平 $U_{p(l)}$ 和操作冲击保护水平 $U_{p(s)}$ 。

②由避雷器的保护水平确定电气设备的绝缘水平:包括基本冲击绝缘水平(BIL)和操作冲击绝缘水平(SIL)。

③由电气设备的绝缘水平确定其耐压试验的试验电压值:包括雷电冲击耐压试验和操作冲击耐压试验。对于 220kV 及以下的电压等级则通常采用短时(1min)工频耐压试验代替雷电冲击耐压试验和操作冲击耐压试验。

④在某些情况下还需要做长时间工频高压试验,以了解在长期工频电压作用下内绝缘的老化和外绝缘的染污对设备绝缘性能的影响。

2. 避雷器的保护水平的确定

(1)雷电冲击保护水平 $U_{p(l)}$

1)SiC 普通阀式避雷器和磁吹避雷器

标准规定:避雷器的雷电冲击保护水平 $U_{p(l)}$ 应该取下列三者中的最大值:

①标准放电电流的波形($8/20\mu s$)和标称放电电流幅值(5kA 或 10kA)下的残压 U_R 。

②$1.2/50\mu s$ 标准雷电冲击放电电压。

③冲击波波前放电电压最大值(也就是陡波放电电压)除以 1.15。

在实际中,作为简化,通常可以直接以配合电流下(5kA 或 10kA)的残压 U_R 作为保护水平。即:

$$U_{p(l)} = U_R$$

2）ZnO 避雷器

ZnO 避雷器的雷电冲击保护水平 $U_{p(l)}$ 为下列两者中的较大值：

①标准放电电流的波形（8/20μs）和标称放电电流幅值（5kA、10kA 或 20kA）下的雷电冲击残压 U_R。

②陡波冲击电流下的残压（电流波前时间为 1μs，峰值与标称雷电冲击电流相同）除以 1.15。

（2）操作冲击保护水平 $U_{p(s)}$

1）磁吹避雷器

磁吹避雷器的操作冲击保护水平 $U_{p(s)}$ 为下列两者之间的较大值：

①规定操作冲击电流下的残压。

②在 250/2500μs 标准操作冲击电压下的最大放电电压。

2）氧化锌避雷器

氧化锌避雷器的操作冲击保护水平 $U_{p(s)}$ 就是规定操作冲击电流下的残压 $U_{R(s)}$。

操作冲击电流下的残压 $U_{R(s)}$：电流波形为 $30\sim100/60\sim200$μs，电流峰值为 0.5kA（一般避雷器），1kA（330kV 避雷器），2kA（500kV 避雷器）。

3. 电气设备绝缘水平的确定

下面我们采用绝缘配合惯用法来确定电气设备的绝缘水平。即电气设备的绝缘水平应该在避雷器的保护水平的基础上再乘上一个考虑各种因素影响的大于 1 的裕度系数。

（1）雷电过电压下的绝缘配合

电气设备在雷电过电压下的绝缘水平通常用它们的基本冲击绝缘水平（BIL）来表示，它可由下式求得：

$$BIL = K_1 U_{p(l)}$$

式中，$U_{p(l)}$ 为阀式避雷器在雷电过电压下的保护水平（kV），K_1 为雷电过电压下的配合系数，一般在电气设备与避雷器相距很近时取 1.25、相距较远时取 1.4，即：

$$BIL = (1.25 \sim 1.4) U_R$$

式中，U_R 为避雷器的残压(kV)。

(2)操作过电压下的绝缘配合

操作过电压下的绝缘配合用来确定电气设备的操作冲击绝缘水平(SIL)。分以下两种不同的情况来分别加以讨论：

①电网电压处于高压范围Ⅰ：$3kV \leqslant U_n \leqslant 220kV$。

此时，变电所内所装的阀式避雷器只对雷电过电压进行保护，而不必对内部过电压进行保护。因此，在这种情况下设备绝缘本身应该能够耐受系统内部可能出现的最大内部过电压幅值。

我国标准对范围Ⅰ的各个电压等级电网系统所推荐的操作过电压计算倍数 K_0 见表 5-1。

表 5-1　操作过电压的计算倍数 K_0

系统额定电压(kV)	中性点接地方式	相对地操作过电压计算倍数
66 及以下	非有效接地	4.0
35 及以下	有效接地(经过小电阻)	3.2
110～220	有效接地	3.0

注：相间操作过电压宜取相对地操作过电压的 1.3～1.4 倍。

对于这一类变电所中的电气设备，其 SIL 可采用下式计算：

$$SIL = K_s K_0 U_{xg}$$

式中，K_s 为操作过电压下的配合系数，其值一般为 1.15～1.25。

②电网电压处于超高压范围Ⅱ：$U_n \geqslant 330kV$。

此时，变电所内所装的阀式避雷器不仅要对雷电过电压进行保护，而且也要对操作过电压进行保护。因此，对于这一类变电所的电气设备，其操作冲击绝缘水平应该以避雷器的操作冲击保护水平 $U_{p(s)}$ 为基础进行配合，其 SIL 可按下式计算：

$$SIL = K_s U_{p(s)}$$

式中，K_s 为操作过电压下的配合系数，其值一般为 1.15～1.25。

5.6　电气安全

5.6.1　触电及产生的生理效应

统计资料表明,在 380/220V 低压配电系统中,由于大量使用各种电动工具和各种家用电器,很容易发生触电事故,必须注意电气安全。因为在这种低压配电系统中,若发生人体触及两相导体,则 380V 电压直接加于人体,此期间通过人体的电流可能达到 380mA,足以使人死亡。如若人触及一相导体(如电气设备绝缘损坏,使其外壳带电),则通过人体的电流与配电系统中性点是否接地有关。对中性点接地的低压配电系统,人触及一相导体时,通过人体的电流为 22mA(人体电阻以 1000Ω 计),这已是危险的,因此,必须采取有效的保安措施。对于中性点不接地的低压配电系统,当人触及一相导体时,相当于发生单相接地故障。在低压系统中,线路对地电容电流可以忽略,只考虑各相导体对地绝缘电阻,图 5-22 所示为中性点不接地系统人体触及一相导体示意图。

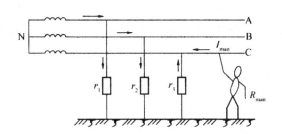

图 5-22　中性点不接地系统人体触及一相导体

正常工况下,$r_1 = r_2 = r_3 = r$;当人触及第三相时,该相等值电阻下降为

$$r'_3 = \frac{rR_{man}}{r + R_{man}}$$

因此三相系统中中性点发生位移,使 C 相对地电压降低,其他两相对地电位升高。此时中性点对地电压$\dot{U}_N$ 为

$$\dot{U}_N = -\frac{\dot{U}_A\,\dfrac{1}{r}+\dot{U}_B\,\dfrac{1}{r}+\dot{U}_C\,\dfrac{1}{r'_3}}{\dfrac{1}{r}+\dfrac{1}{r}+\dfrac{1}{r'_3}} = -\frac{\dot{U}_C}{\dfrac{3R_{man}}{r}+1}$$

C 相电压$\dot{U}'_C$ 为

$$\dot{U}'_C = \dot{U}_C+\dot{U}_N = \dot{U}_C\,\frac{3R_{man}}{3R_{man}+r}$$

C 相相应的对地电流为

$$\dot{I}_E = \frac{\dot{U}'_C}{\dfrac{rR_{man}}{r+R_{man}}} = \frac{3\dot{U}_C}{(3R_{man}+r)}\,\frac{(r+R_{man})}{r}$$

式中,U_C 为 C 相导线的对地电压,V;R_{man} 为人体电阻,Ω;r 为各相导线对地绝缘电阻,Ω。

因此,流过人体的电流值为

$$I_{man} = I_E\,\frac{r}{r+R_{man}} = \frac{3U_C}{3R_{man}+r} \tag{5-6-1}$$

由式(5-6-1)计算可知,导体对地绝缘电阻 r 越大,流过人体的电流越小,对人越安全。但是,如果已经有一相导体对地绝缘损坏而未被发现,当人触及另一相导体时,就有线电压加于人体上的可能,这种情况下对人的危险性很大。因此,在中性点不接地的低压配电系统中,应当装设绝缘监察装置(如漏电保护装置等),以便能及时发现绝缘损坏漏电情况,及时有效地排除故障,以防发生严重后果。

国际电工委员会(IEC)提出的人体触电时间和通过人体电流(50 Hz)对人身肌体反应的曲线,如图 5-23 所示。图中各个区域所产生的电击生理效应见表 5-2。

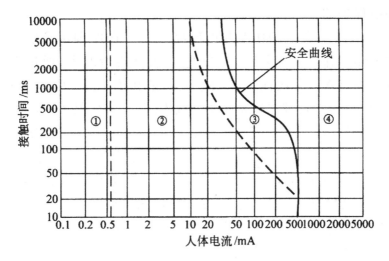

图 5-23　人体触电时间和通过人体电流对人身肌体反应的曲线

表 5-2　图 5-23 中各个区域所产生的电击生理效应说明

区域	生理效应	区域	生理效应
①	人体无反应	③	人体一般无心室纤维性颤动和器质性损伤
②	人体一般无病理性生理反应	④	人体可能发生心室纤维性颤动

由图 5-23 可以看出,人体触电反应分为四个区域:其中①、②、③区可视为"安全区"。在③区与④区的一条曲线,称为"安全曲线"。④区是致命区,但③区也并非是绝对安全的。

我国一般采用 30mA(50Hz)作为安全电流值,但其触电时间不得超过 1s,因此安全电流值也称为 30mA·s。由图 5-23 所示的曲线图中可以看出,30mA·s 位于③区,不会对人体引起心室纤维性颤动和器质性损伤,因此,可认为是相对安全的。当通过人体的电流达到 50mA 时,对人就有致命危险,而达到 100mA 时,一般要致人死命。

5.6.2　漏电保护器的基本结构和原理

漏电保护器又称漏电断路器或剩余电流保护器,按工作原理分,有电压动作型和电流动作型两种,但应用较多的是电流动作型漏电保护器。

图 5-24 是电流动作型漏电断路器的工作原理示意图。在被保护电路工作正常、没有发生漏电或触电的情况下,通过零序电流互感器 TAN 一次侧的三相电流相量和等于零,因此,TAN 的铁心中没有磁通,其二次侧没有电流输出。当被保护电路发生漏电或有人触电时,由于漏电电流的存在,使通过 TAN 一次侧的三相电流的相量和不再为零,零序电流互感器中产生零序磁通,其二次侧就有电流输出,经放大器放大后,驱动低压断路器 QF 的脱扣线圈 YR,使断路器 QF 自动跳闸,迅速切断被保护电路的电源,从而避免人员发生触电事故。但这种漏电保护器仅适用于一相经人体对地形成的漏电。

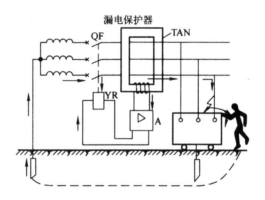

图 5-24 电流动作型漏电保护器的工作原理示意图

TAN—零序电流互感器;A—放大器;QF—低压断路器;
YR—低压断路器 QF 的脱扣线圈

5.6.3 电气安全措施

电气安全包括电气设备安全和人身安全两个方面,这对发电厂、变配电所和用户等系统来说至关重要。因此,在电气设计、施工、运行中必须予以高度的重视和考虑。在发电厂、变配电系统中,其安全措施除了保证配电装置中各种电气安全距离符合规定外,电气设备的接地和接零保安措施也必须使用正确,并符合规程要求;各种过电流和过电压的保护措施完备,安全可靠;电气设备的运行操作、巡视、维修都必须严格遵循电气安全规定,以防止事故发生。

1. 保证电气安全工作的组织措施

电力系统中,不少事故是由于运行人员不能严格执行工作票制度、工作许可制度和操作票制度等造成的。因此,电气工作人员必须熟知并严格执行电气安全工作制度和规程,定期进行安全技术等级的考核,不断提高电气工作人员的技术素质,牢固树立安全生产的思想。

电气工作票是准许在高压电气设备上进行工作的书面命令。其内容包括工作任务、工作范围、安全措施及现场工作负责人等。

在高压电气设备上工作应实行工作许可制度。工作人员在接到工作负责人交来的工作票后,应按工作票上注明的工作地点、安全措施要求进行工作。在完成施工现场的安全措施,如停电、验电、接地、装设遮栏、挂好警告牌和标示牌等,工作人员并以手触试停电设备的导电体,证明检修设备无电压后,才可以允许检修人员开始工作。

操作票内容是对电气设备进行倒闸操作、对人身或设备事故的紧急拉闸、根据生产情况必须随时进行操作等工作。工作人员进行操作前,必须正确填写操作票。执行操作任务时,除一人操作外,还须设监护一人。以上三个方面的措施,是保证电气安全工作的重要组织措施。

2. 保证电气安全工作的技术措施

在全部停电或部分停电的高压电气设备上工作,为保证人身安全,还必须在技术上采取相应的措施,来消除误操作和突然来电给工作人员带来的危险。因此,必须完成下面几个方面的技术措施。

①对进行检修的设备及工作人员进行工作时的活动范围,小于规定的安全距离的设备均需要停电。

②为了证实停电设备确无电压存在,应采用适合该电压等级的合格验电器及时地进行验电。

③对验明设备确已无电压后,应立即将检修设备接地并三相短接,最后悬挂标示牌和装设遮栏,以防止工作人员误合隔离开关、断路器和触及设备。

第6章 电力系统继电保护

继电保护装置是电力系统安全运行的保护伞。它在系统中的配置与电力网结构、厂站主接线和运行方式等有关。掌握继电保护的特点,要了解继电保护的作用和任务、继电保护的基本原理与构成和电力系统对继电保护的要求。

6.1 继电保护概述

6.1.1 继电保护的作用与任务

接入电力系统的用电设备很多,会出现很多故障导致运行不畅。进而影响到整个系统。为了避免事故对系统更大的损害,应尽快把故障设备从系统中移除,使无故障部分继续供电,维持系统运行的稳定性,因此移除故障的时间越短越好。在这样短的时间内,依靠运行人员的操作去处理故障是不可能的,只能依靠安装在各个电气设备上的具有自动化措施的设备,即由继电保护和安全自动装置来完成。

把用于保护电力设备的自动装置称之为继电保护装置,而保护电力系统的装备称之为电力系统安全保护装置。继电保护装置判断故障的依据是数据对比,即正常运行时的物理量和发生故障时的物理量的对比。然后作用于断路器跳闸,保护了整个电路的安全。因此它是保证电力设备安全运行的基本装备,任何电力元件不得在无继电保护的状态下运行。电力系统安全自动装置则是用来快速恢复电力系统的完整性,防止发生和中止已经发生的足以引起电力系统长期大面积停电的重大系统事故,如失去电力系统稳定、频率崩溃或电压崩溃等。

综上所述,继电保护的作用如图 6-1 所示。

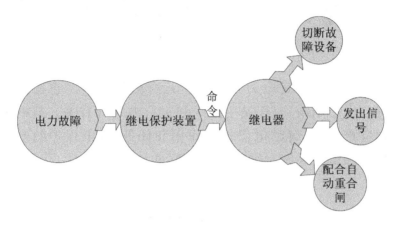

图 6-1　继电器的作用

6.1.2　继电保护的基本原理

电力系统运行时会出现一些不正常的状态,系统的工作受到严重的影响,导致用户无法正常用电,甚至造成伤亡事件。除应采取各项积极措施消除或减少发生故障(或事故)的可能性以外,一旦故障发生,必须迅速而有选择性地切除故障元件,完成这一功能的电力系统保护装置称为继电保护装置。

通常,发生短路之后电流会增大,电压会降低,线路始端测量阻抗减小,电压和电流之间相位角发生变化。根据上述基本参数的变化可构成不同原理的继电保护。

继电保护装置是由几个继电器组合而形成的保护装置,图 6-2 所示为继电保护装置的原理结构图。

图 6-2　继电保护装置的原理结构图

6.1.3　对继电保护装置的基本要求

不论继电器的装置如何,其基本要求都是在技术上满足选择性、快速性、灵敏性和可靠性。

1.选择性

所谓选择性是指电力系统中出现故障时,继电保护装置向继电器发出跳闸的信号,只会将发生故障的设备除去,使得故障波及的范围尽量减小,保证无故障部分正常运行,如图 6-3 所示。

图 6-3 中的供电网络,当 k1 点处发生故障时,QF1 和 QF2 处的保护装置接到信号,自动跳闸断开了 L1 的通路,因此故障得以切除,其他部分正常工作。

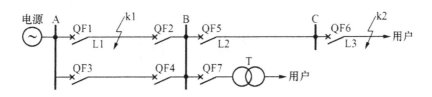

图 6-3　继电保护装置的选择性说明

2.快速性

快速切除故障提高系统的稳定性,避免问题元件进一步的损坏,减少用户等待的时间,因此,发生电力故障应迅速切除故障。

3.灵敏性

所谓灵敏性是指继电保护装置对故障的响应时间。处于继电保护范围内的线路,无论故障的类型、位置,只要是故障发生都要求及时正确反映。

4. 可靠性

保护装置的可靠性是指在其保护范围内发生了它应该反应的故障时,一定立即反应,反之则不应该反应。

6.1.4 常用的保护继电器及操作电源

1. 保护继电器

(1)电流继电器

电流继电器的作用是根据电气量而动作的器件,图 6-4 所示为电磁式电流继电器的结构图。

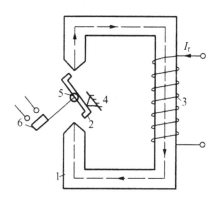

图 6-4 电磁式电流继电器的结构

1—铁心;2—衔铁;3—线圈;4—止挡;5—弹簧;6—触点

电流继电器的工作原理是:大小为 I_r 的电流经过继电器的线圈产生了磁通,此时铁心、气隙和衔铁构成了完整的回路。衔铁被磁化。当电流足够大时,电磁力矩克服了外界的作用力,衔铁摆脱了弹簧的束缚后发生扭动,此时常开触点闭合,我们将这一过程称之为继电器动作。恰好使衔铁闭合的电流记为 $I_{op.r}$。闭合后慢慢减小通过线圈的电流直至衔铁打开,这一过程称之为继电器的返回电流记作 $I_{re.r}$。返回系数 K_{rm} 定义如下:

$$K_{re} = \frac{I_{re \cdot r}}{I_{op \cdot r}} \qquad (6\text{-}1\text{-}1)$$

通常 K_{rm} 小于 1，例如最为常用的电磁型过电流继电器的 K_{rm} 一般为 0.85。

（2）电压继电器

过电压继电器的触点形式、动作值、返回值的定义与过电流继电器相类似。

低电压继电器的触点为常闭触点。系统正常运行时低电压继电器的触点打开，一旦出现故障，引起母线电压下降达到一定程度（动作电压），继电器触点闭合，保护动作；当故障清除，系统电压恢复上升达到一定数值（返回电压）时，继电器触点打开，保护返回。

（3）中间继电器

中间继电器主要用于增加触点数量和扩大容量，通常这类继电器都有几对触点，常开触点和常闭触点形式都有存在。

（4）时间继电器

时间继电器的主要作用是延缓时间，确保保护的选择性和某种逻辑关系。

（5）信号继电器

信号继电器用作继电保护装置和自动装置动作的信号指示，标示装置所处的状态或接通灯光（音响）信号回路。

常用继电器的图形符号见表 6-1。

表 6-1　常用继电器的图形符号

序号	元件	文字符号	图形符号
1	过电流继电器	KA	$I>$
2	欠电压继电器	KV	$U<$

续表 6-1

序号	元件	文字符号	图形符号
3	时间继电器	KT	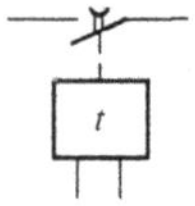
4	中间继电器	KM	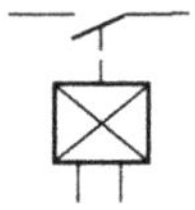
5	信号继电器	KS	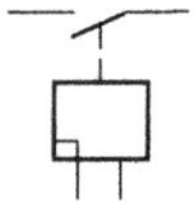
6	差动继电器	KD	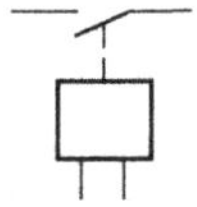

2. 操作电源

各种继电器连接构成的继电保护装置需要获取能量以完成其各项功能并控制断路器的动作,其能量来源于操作电源。

操作电源指高压断路器的合闸、跳闸回路以及继电保护装置中的操作回路、控制回路、信号回路等所需电源。常用的操作电源有三类:直流电源、整流电源、交流电源。

对于继电保护装置,操作电源一定要非常可靠,否则当系统故障时,保护装置可能无法可靠动作。

6.2 继电保护的配置与整定原则

6.2.1 电力系统继电保护配置

1. 基本要求

继电保护配置方式要满足电力网结构和厂站主接线的要求,

并考虑电力网和厂站运行方式的灵活性。所配置的继电保护装置应能满足可靠性、选择性、灵敏性和速动性的要求。继电保护的配置方式根据以下方面来确定：①保护对象的故障特征；②保护对象的电压等级和重要性；③在满足安全可靠性的前提下要尽量简化二次回路；④相邻设备保护装置的死区问题。

2.线路保护

线路的故障类型主要是单相接地故障、两相接地故障、相间故障、三相故障。

不同电压等级的输电线路保护配置不同。具体情况如图 6-5 所示。

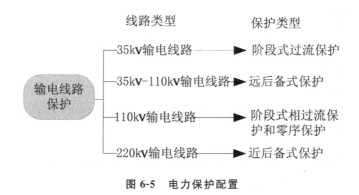

图 6-5　电力保护配置

3.变压器保护

电力变压器是电力系统中的中转装置，如果这一环节出现问题将会带来严重的后果。保证变压器的安全运行以避免可能发生的故障，就需要安装灵敏、快速、可靠和选择性好的保护装置。

4.母线保护

发电厂和变电所的母线是电力系统中的一个重要组成元件，母线也存在着由于绝缘老化、污秽和雷击等引起的短路故障，母线发生故障会影响到整个电网的运作。因此高压输电中都装备专门的保护设施，母线的常见保护方式有：①母线差动保护；②母联充电保护；③母联过流保护；④母联失灵与母联死区保护；⑤断路器失灵保护。

6.2.2 电力系统的整定原则

1. 变压器保护装置的整定计算原则

（1）速断保护

①按躲过变压器二次侧最大三相短路电流计算动作值。继电器动作电流为

$$I_{dz} = K_k K_{jx} I_{dmax}^{(3)} / K_h$$

式中，$I_{dmax}^{(3)}$ 为变压器二次侧最大三相短路电流；K_h 为变压器二次侧电流互感器变比。

②以保护装置安装处最小两相短路电流校核灵敏系数。$K_l = I_{dmin}^{(2)} / I_{dz} > 2$。

（2）过流保护

①按躲过变压器可能出现的最大负荷电流计算动作值。继电器动作电流为

$$I_{dz} = K_K K_{jx} I_N / K_h$$

式中，I_N 为变压器可能出现的最大电流；K_h 为电流互感器变比。

②以变压器二次侧最小两相短路电流 $I_{dmin}^{(2)}$ 校核灵敏系数。$K_l = I_{dmin}^{(2)} / I_{dz} > 1.5$。

（3）过负荷保护

①按躲过变压器额定电流计算动作值。继电器动作电流为

$$I_{dz} = K_K K_{jx} I_N / K_h$$

式中，I_N 为变压器额定电流；K_h 为电流互感器变比。

②动作时限一般取 9～15 秒。

2. 6kV 母联开关保护装置的整定计算原则

（1）电流速断保护

①按躲过电流互感器 4 倍额定电流 I_N 计算动作值。继电器

动作电流为

$$I_{dz} = 4K_k K_{jx} I_N / K_h$$

式中，K_h 为电流互感器变比；I_N 为电流互感器一次额定电流。

②以保护安装处（母线）最小两相短路电流 $I_{dmin}^{(2)}$ 校核灵敏系数。$K_l = I_{dmin}^{(2)} / I_{dz} > 2$

（2）过流保护

①按躲过母线最大工作电流计算动作值。继电器动作电流为

$$I_{dz} = K_k K_{jx} I_{zd} / K_h K_f$$

式中，K_k 为可靠系数，取 1.5；I_{zd} 为任一段母线最大工作电流；K_h 为电流互感器变比。

②以母线最小两相短路电流校核灵敏系数。$K_l = I_{dmin}^{(2)} / I_{dz} > 2$

说明：没有说明的情况下 K_k 取 $1.2 \sim 1.3$；K_{jx} 为接线系数，星形接线为 1，两相电流差接线为 $\sqrt{3}$；K_f 为继电器返回系数，取 0.85。

6.3　电力线路的继电保护

工作环境决定了输电线路是电力系统中最易发生故障的部分。当发生短路故障时，输电线路的主要特征之一就是电流增大，利用这个特点可以构成电流保护。单侧电源电网的电流保护装设于线路的电源侧，根据整定原则的不同，电流保护可分为无时限电流速断保护、带时限电流速断保护和定时限过流保护三种。

6.3.1　无时限电流速断保护

1. 无时限电流速断保护的原理及整定计算

（1）基本原理

根据电网对继电保护的要求，可以使电流保护的动作不带时限构成瞬动保护。保护的动作电流按躲过被保护线路外部短路

的最大短路电流来整定,以满足选择性。无时限电流速断保护,简称为电流Ⅰ段。

(2)整定计算

图 6-6 所示为无时限电流速断保护整定说明。在图 6-6 中,L1、L2 装设无时限电流速断保护,曲线 1、2 分别表示在系统最大、最小运行方式下,线路 L1 上不同位置处三相、两相短路时的短路电流 $I_k^{(3)}$、$I_k^{(2)}$。

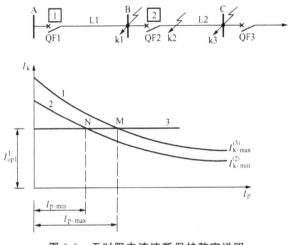

图 6-6　无时限电流速断保护整定说明

①动作电流。为了保证选择性,在相邻线路出口处 k2 点短路时,线路 L1 上的无时限电流速断保护不应动作。因此,速断保护 1 的动作电流 $I_{op1}^{Ⅰ}$ 应大于在最大运行方式下 k2 点三相短路时通过被保护元件的短路电流,由于相邻线路 L2 的首端 k2 点短路时的短路电流和线路 L1 末端 k1 点短路电流值相等,因此,保护 1 的动作电流 $I_{op1}^{Ⅰ}$ 可按大于最大运行方式下线路 L1 末端 k1 点三相短路电流值 $I_{k1.max}^{(3)}$ 来整定,即

$$I_{op1}^{Ⅰ} = K_{rel}^{Ⅰ} I_{k1.max}^{(3)} \qquad (6\text{-}3\text{-}1)$$

式中,$K_{rel}^{Ⅰ}$ 为可靠系数,当采用电磁型电流继电器时,取 1.2~1.3。

②动作时间。无时限电流速断保护动作时间,只是继电器本身固有动作时间,因此有

$$t_1^{Ⅰ} \approx 0\,s \qquad (6\text{-}3\text{-}2)$$

③灵敏度。无时限电流速断保护的灵敏度是用保护区长度 l_p 占被保护线路全长 l 的百分数来表示,即

$$m = \frac{l_p}{l} \qquad (6\text{-}3\text{-}3)$$

当系统运行方式或短路类型改变时,保护范围改变,灵敏性随之改变。在图 6-6 中,直线 3 代表保护 1 的动作电流,它与曲线 1、2 分别交于 M、N 点,因此,可以确定电流速断保护的最大保护范围 $l_{p.\,max}$ 和最小保护范围 $l_{p.\,min}$。

$$l_{p.\,max} = \frac{1}{x_1}\left(\frac{E_{ph}}{I_{op.\,1}^{\mathrm{I}}} - x_{s.\,min}\right) \qquad (6\text{-}3\text{-}4)$$

$$l_{p.\,min} = \frac{1}{x_1}\left(\frac{\sqrt{3}\,E_{ph}}{2 I_{op.\,1}^{\mathrm{I}}} - x_{s.\,max}\right) \qquad (6\text{-}3\text{-}5)$$

式中,x_1 为单位长度的线路正序阻抗;E_{ph} 为系统的次暂态电势(相);$x_{s.\,min}$ 为最大运行方式下的系统电抗;$x_{s.\,max}$ 为最小运行方式下的系统电抗。

可以看出,无时限电流速断保护最大保护范围 $l_{p.\,max}$ 小于线路 L1 的全长,这说明无时限保护只能保护线路的一部分。

符合灵敏度要求的保护范围为:最大运行方式下三相短路时,$m \geqslant 50\%$;最小运行方式下两相短路时,$m \geqslant 15\% \sim 20\%$。

2. 无时限电流速断保护的接线

无时限电流速断保护的单相原理接线如图 6-7 所示,它由电流继电器 KA、中间继电器 KM、信号继电器 KS 组成。

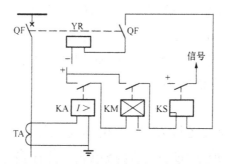

图 6-7　无时限电流速断保护的单相原理接线

6.3.2 带时限电流速断保护

1. 带时限电流速断保护的工作原理及整定计算

（1）基本原理

无时限电流速断保护不能保护线路全长，其保护范围外的故障必须由另外的保护来切除，这时可以增设第二套保护——带时限电流速断保护。

带时限电流速断保护的保护范围一般延伸至相邻线路，但是不应超出相邻线路无时限电流速断或是带时限电流速断保护的保护范围。保护动作时限比无时限电流速断保护大一个或两个时限级差位，以免无选择性动作。

（2）整定计算

图 6-8 所示为带时限电流速断保护整定说明。在图 6-8 中，假设线路 L1 和 L2 分别装有带时限电流速断保护 1 和无时限电流速断保护 2，在变电站 B 降压变压器上装设无时限电流速断保护（差动保护），现整定保护 1。

1）动作电流

①考虑与相邻线路的电流 Ⅰ 段配合，则动作电流整定为

$$I_{\text{op1}}^{\text{II}} = K_{\text{rel}}^{\text{II}} I_{\text{op2}}^{\text{I}} \qquad (6\text{-}3\text{-}6)$$

式中，$I_{\text{op1}}^{\text{II}}$ 为保护 1 带时限电流速断保护（电流 Ⅱ 段）的动作电流值；$K_{\text{rel}}^{\text{II}}$ 为可靠系数，取为 1.1～1.15；$I_{\text{op2}}^{\text{I}}$ 为保护 2（相邻元件）的无时限电流速断保护（电流 Ⅰ 段）动作电流值。

如果相邻线路有多条，取其中最大者。

②考虑与相邻变压器的速断保护（差动保护、电流速断保护）配合，则动作电流整定为

$$I_{\text{op1}}^{\text{II}} = K_{\text{rel}}^{\text{II}\prime} I_{\text{k1.\,max}}^{(3)} \qquad (6\text{-}3\text{-}7)$$

式中，$I_{\text{k1.\,max}}^{(3)}$ 为最大运行方式下，相邻变压器对侧母线上发生三相短路时，流经保护 1 的最大短路电流，当有多个此类变压器时，$I_{\text{k1.\,max}}^{(3)}$ 应取最大值；$K_{\text{rel}}^{\text{II}\prime}$ 为可靠系数，取值 1.3～1.4。取 1）、2）中

大者作为保护 1 电流 Ⅱ 段的动作电流。

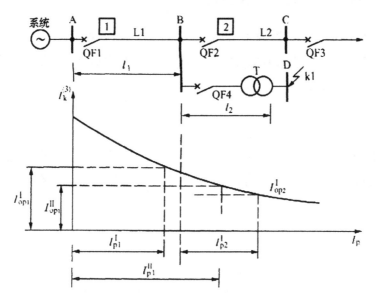

图 6-8　带时限电流速断保护整定说明

2）动作时间

为保证保护动作的选择性，保护 1 电流 Ⅱ 段的动作时间应比相邻无时限速断保护（Ⅰ 段）的动作时间高出一个时间阶 Δt，因此

$$t_1^{\mathrm{II}} = t_2^{\mathrm{I}} + \Delta t \qquad (6\text{-}3\text{-}8)$$

Δt 与所选断路器及其操动机构、继电器的形式有关，一般取为 0.5s。

3）灵敏度

带时限电流速断保护应当保护线路的全长，因此当线路末端短路时，保护应该能够灵敏动作。考虑最不利的情况，即系统最小运行方式下，当被保护线路末端发生两相短路 $I_{\mathrm{k.min}}^{(2)}$ 时，保护仍能灵敏动作，此时的灵敏度系数称为最小灵敏度系数 $K_{\mathrm{s.min}}^{\mathrm{II}}$

$$K_{\mathrm{s.min}}^{\mathrm{II}} = \frac{I_{\mathrm{k.min}}^{(2)}}{I_{\mathrm{op1}}^{\mathrm{II}}} = \frac{\sqrt{3}\, I_{\mathrm{k.min}}^{(3)}}{2 I_{\mathrm{op1}}^{\mathrm{II}}} \qquad (6\text{-}3\text{-}9)$$

考虑到各种误差因素的影响，一般要求 $K_{\mathrm{s.min}}^{\mathrm{II}} \geqslant 1.3 \sim 1.5$。

2.带时限电流速断保护的接线

带时限电流速断保护的原理接线如图 6-9 所示。从图中可以看出,与无时限电流速断保护相比,带时限电流速断保护以时间继电器 KT 取代了中间继电器 KM。

带时限电流速断保护可以作为本线路的近后备。但是,由于它在相邻线路上的动作范围只是线路的一部分,不能作为相邻线路的后备保护(远后备),因此还需要装设一套过电流保护(电流Ⅲ段)作为本线路的近后备保护以及相邻线路的远后备保护。

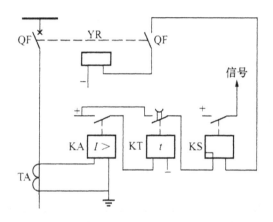

图 6-9　带时限电流速断保护的原理接线

6.3.3　定时限过电流保护

定时限过电流保护也要采用时间继电器,图 6-10 所示为定时限过电流保护的单相原理接线图,其原理与限时电流速断保护相同,只是其动作时限有差异。

定时限过电流保护的特点是其动作电流只需按躲过最大负荷电流来整定,所以动作电流较小,灵敏度也较高,保护的选择性则靠不同的动作时限来保证。一般情况下,它不仅能保护本线路的全长,而且还能保护相邻线路的全长,起远后备的作用。

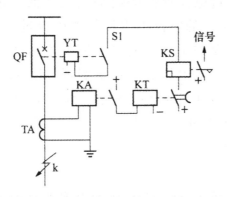

图 6-10　定时限过电流保护的单相原理接线

图 6-11 所示为定时限过电流保护的工作原理。设图中保护 1~5 均装设了过电流保护，为保证在正常运行情况下过电流保护不误动作，其动作电流 I_{op}^{III}（上标 III 表示定时限过电流保护）只要大于各自线路上可能出现的最大负荷电流 I_{LDmax} 即可，即

$$I_{op}^{\text{III}} > I_{\text{LDmax}} \tag{6-3-10}$$

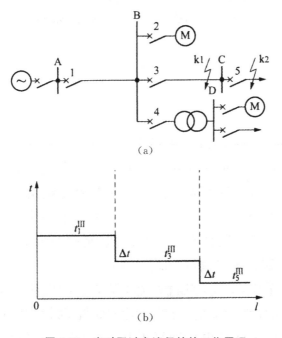

图 6-11　定时限过电流保护的工作原理

（a）单侧电源辐射线路；（b）定时限过电流保护装置动作时限特性

由于定时限过电流保护的启动电流远低于短路电流,当 k1 点故障时,保护 1、3 的电流继电器都要因流过短路电流而启动,当 k2 点故障时,保护 1、3、5 的电流继电器均会启动。此时保护的选择性要靠时间继电器的整定来实现。以 k1 点故障为例,虽然此时保护 1、3 的电流继电器均会启动,只需把保护 1 中时间继电器的启动时间 t_1^{III} 取得比保护 3 的时间继电器的动作时间 t_3^{III} 大出一个时限段 Δt,即取

$$t_1^{\text{III}} = t_3^{\text{III}} + \Delta t$$

当保护 3 动作切除故障后,保护 1 的电流继电器就会因流过电流的减小而返回。同理,在 k_2 故障时,如果取 $t_1^{\text{III}} > t_3^{\text{III}} > t_5^{\text{III}}$,则在保护 5 动作切除故障后,保护 1、3 的电流继电器就会因流过电流的减小而返回,即取

$$t_3^{\text{III}} = t_5^{\text{III}} + \Delta t$$

应该指出,当相邻变电站有多回路出线时,过电流保护的动作时限应比相邻各元件保护的动作时限至少大一个 Δt,这样才能充分保证保护的选择性。例如在 6-11(a)所示系统中,保护 1 应同时满足

$$t_1^{\text{III}} = t_2^{\text{III}} + \Delta t$$

$$t_1^{\text{III}} = t_3^{\text{III}} + \Delta t$$

$$t_1^{\text{III}} = t_4^{\text{III}} + \Delta t$$

实际计算时,t_3^{III} 应取其中最大的一个。

图 6-11(b)为定时限过电流保护装置动作时限特性图。图中各保护的动作时限从电网末端用户到电源逐级增大一个时限段 Δt,越靠近电源,动作时限越长,称为阶梯时限特性。

需进一步说明的是,在对定时限过电流保护的动作电流进行整定时,应考虑电流继电器的返回特性。仍以图 6-11 中的 k1 故障为例,当保护 3 动作切除故障后,保护 1 的电流继电器应该返回。注意到在故障切除前,母线上连接的电动机由于电压的下降发生制动,故障消除后电压恢复正常,此时电动机发生自启动,自启动电流大于其正常运行时的电流。电动机的自启动电流 I_{st} 与

正常负荷电流 I_{LDmax} 之比可用自启动系数 K_{st} 表示,即

$$I_{st} = K_{st} I_{LDmax} \tag{6-3-11}$$

显然为保证选择性,保护 1 的返回电流 I_{re} 应大于电动机的自启动电流 I_{st} 即

$$I_{re} > I_{st} \tag{6-3-12}$$

引入大于 1 的可靠系数 K_{rel} 后,返回电流应为

$$I_{re} = K_{rel} I_{st} \tag{6-3-13}$$

将式(6-3-11)代入式(6-3-13),可得返回电流的表达式为

$$I_{re} = K_{rel} K_{st} I_{LDmax} \tag{6-3-14}$$

考虑到式 $K_{re} = \dfrac{I_{re}}{I_{op}}$ 中动作电流与返回电流之间的关系,保护装置的动作电流 I_{op1}^{III} 应整定为

$$I_{op1}^{III} = \frac{1}{K_{re}} I_{re} = \frac{K_{rel} K_{st}}{K_{re}} I_{LDmax} \tag{6-3-15}$$

式中,可靠系数 K_{rel} 一般取 1.15~1.25;自启动系数 K_{st} 由系统接线和负荷性质决定,其数值应大于 1;返回系数 K_{re} 一般取 0.85。

过电流保护除可作为本线路全长的主保护或作近后备保护外,还可作为相邻线路的远后备保护,其灵敏系数的校验公式为

$$K_s = \frac{I_{kmin}^{(2)}}{I_{op1}^{III}} \tag{6-3-16}$$

当过电流作为本线路近后备保护和主保护时,$I_{kmin}^{(2)}$ 应采用最小运行方式下本线路末端两相短路时的短路电流,要求 $K_s \geqslant 1.3~1.5$;当作为相邻线路的远后备保护时,$I_{kmin}^{(2)}$ 应取最小运行方式下相邻线路末端两相短路时的短路电流,要求 $K_s \geqslant 1.2$。

6.4 电力变压器的继电保护

6.4.1 变压器故障及相关保护配置

变压器在电力系统中起重要作用,一旦发生故障,整个系统

都会受到影响。总的来说,变压器的故障分为内部故障和外部故障。内部故障主要是短路引起的,其破坏程度最大。

所谓变压器的不正常运行状态一般是指过负荷、外部短路引起的过电流、漏油引起的油面降低以及过励磁。一旦变压器进入不正常状态时,应当及时处理,防止更大的故障发生。

按照继电器保护的有关规定,电力变压器应装设以下保护装置,如图 6-12 所示。

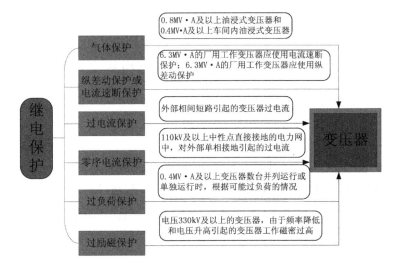

图 6-12 电力变压器的保护装置

6.4.2 瓦斯保护

所谓瓦斯保护是针对于反应油浸式变压器内部发生故障的保护方式。当油浸式变压器油箱内部出现故障,故障点快速升温,变压器油和绝缘材料受热而挥发气体,气体越积越多,并流向储油柜的上部,利用这种气体来动作的保护装置,称之为瓦斯保护或气体保护。

图 6-13 所示为气体继电器安装示意图,它在瓦斯保护中起主要作用。它处于油箱与储油柜之间的连接管道上。为了不影响气体的流通,变压器安装时顶盖与水平面应有 $1\%\sim1.5\%$ 的坡度,通往继电器的连接管道应有 $2\%\sim4\%$ 的坡度。

气体继电器的类型很多,我国常用的是开口杯挡板式气体继电器,图 6-14 所示为 FJ3-80 型气体继电器的结构示意图。常态下,上、下开口杯都浸在油中,开口杯和附件在油内的重力所产生的力矩小于平衡锤所产生的力矩,因此开口杯向上倾,上、下触点均断开。一旦发生故障引起触点闭合。

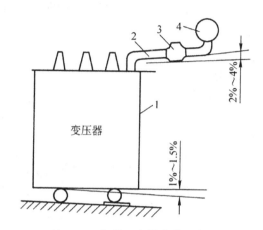

图 6-13　气体继电器安装示意图

1—变压器油箱;2—连接管;3—气体继电器;4—储油柜

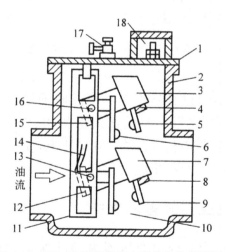

图 6-14　FJ3-80 型气体继电器的结构示意图

1—盖;2—容器;3—上油杯;4、8—永久磁铁;5—上动触点;6—上静触点;7—下油杯;9—下动触点;10—下静触点;11—支架;12—下油杯平衡锤;13—下油杯转轴;14—挡板;15—上油杯平衡锤;16—上油杯转轴;17—放气阀;18—接线盒

图 6-15 所示为瓦斯保护的原理接线图,上面的触点表示轻瓦斯保护,动作发出后经延时发出报警;下面的触点为重瓦斯保护,动作后启动变压器保护的总出口继电器,使断路器跳闸。当油箱内部发生严重故障时,由于油流的不稳定性可能造成触点的抖动,此时为使断路器能可靠跳闸,应选用具有电流自保持线圈的出口中间继电器 KM,动作后由断路器的辅助触点来解除出口回路的自保持。

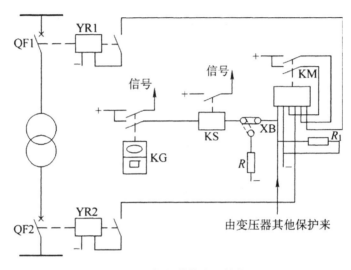

图 6-15 瓦斯保护的原理接线图

瓦斯保护特点是动作迅速、灵敏度高、安装接线简单、能反映油箱内部发生的各种故障,但是不能反映油箱以外的套管及引出线等部位上发生的故障。因此瓦斯保护可作为变压器的主保护之一,与纵联差动保护相互配合、相互补充,实现快速而灵敏地切除变压器油箱内、外及引出线上发生的各种故障。

6.4.3 变压器纵差动保护

图 6-16 所示为双绕组变压器纵差动保护的原理接线图。纵差动保护原理是比较变压器两侧电流的大小和相位,保护范围为纵差动保护用两组电流互感器(TA1、TA2)之间。变压器正常运行或保护范围故障时,差动继电器 KD 中无电流($\dot{I}_k = \dot{I}'_1 - \dot{I}' = $

0),纵差动保护不动作;当变压器内部、引出线及套管相间短路时,差动继电器 KD 中电流大于动作电流后,纵差动保护动作。

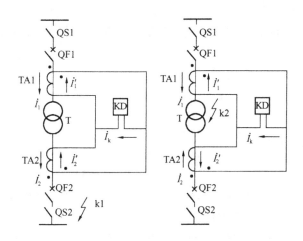

图 6-16　双绕组变压器纵差动保护的原理接线

在实际应用时,变压器正常运行和外部短路时,流入继电器的电流不等于零。不等于零的原因有:一是变压器励磁涌流的影响;另一种是纵差动保护不平衡电流的存在。

(1)变压器励磁涌流的影响

变压器的励磁电流全部流入纵差动保护的差动回路。正常运行时,励磁电流仅为变压器额定电流的 3%～5%,所以对保护无影响。而当变压器空载投入或外部短路故障切除电压恢复时,励磁电流可达额定电流的 6～8 倍,称为励磁涌流。

图 6-17(a)所示为变压器铁心的磁化曲线,其中,OS 相当于饱和磁通 φ_{sat},SP 为平均磁化曲线饱和部分的渐近线。图 6-17(b)中 φ 为暂态过程中的磁通波形,a、b 两点的磁通值为 φ_{sat},相对应的角度为 θ_1、θ_2。在磁通 φ 曲线上任取一点 N,其相应的磁通为 φ_x,励磁电流为 i_μ。过 N 点作横轴垂线 MT,令 MT 等于 i_x,从而确定了 T 点。逐点作图可求得励磁涌流 i_μ,其波形如图 6-17(b)中所示。计及非周期分量磁通的衰减后,暂态过程中的励磁涌流波形如图 6-17(c)所示。从图 6-17(c)可以看出以下结论。

①励磁涌流的数值很大,并含有明显的非周期分量电流,使

励磁涌流波形明显偏于时间轴的一侧。

②励磁涌流中含有明显的高次谐波电流分量,其中二次谐波电流分量尤为明显。

③励磁涌流波形偏向时间轴的一侧,且相邻波形之间存在"间断角"。

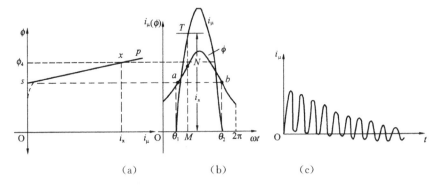

图 6-17 单相变压器励磁涌流图解法

(a)变压器铁心的磁化曲线;(b)励磁涌流;(c)暂态过程中的励磁涌流

根据涌流的特点,变压器纵差动保护通常采取下列措施。

①采用具有速饱和变流器的 BCH 型差动继电器构成变压器纵差动保护。

②采用二次谐波制动原理构成变压器纵差动保护。

③采用鉴别波形间断角原理构成变压器纵差动保护。

(2)变压器差动保护不平衡电流产生的原因

①YNd11 接线的变压器两侧电流存在相位差,产生不平衡电流。为了消除这种不平衡电流,变压器的纵差动保护采用相位补偿接线,图 6-18 所示为 YNd11 变压器差动保护接线,即将变压器 d 侧电流互感器二次侧接成星形,Y 侧电流互感器二次侧接成三角形。

另外,变压器变比的存在,使其高、低压两侧线电流在数值上不相等,也产生不平衡电流。为了消除这种不平衡电流,采用数值补偿法,即变压器三角形侧电流互感器变比

$$n_{\mathrm{TA(d)}} = \frac{I_{\mathrm{N(d)}}}{5} \qquad (6\text{-}4\text{-}1)$$

变压器星形侧电流互感器变比

$$n_{\mathrm{TA(Y)}}=\frac{\sqrt{3}\,I_{\mathrm{N(Y)}}}{5} \tag{6-4-2}$$

式中，$I_{\mathrm{N(Y)}}$、$I_{\mathrm{N(d)}}$ 分别为变压器 YN,d 侧的额定线电流。

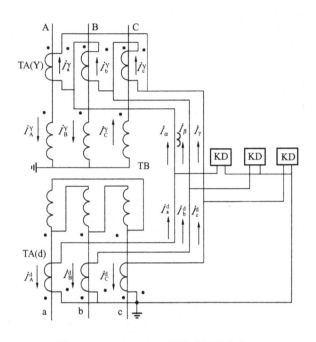

图 6-18　YNd11 变压器差动保护接线

②变压器两侧电流互感器型号不同，产生的不平衡电流。

③电流互感器和自耦变压器变比标准化产生的不平衡电流。平衡绕组用于补偿电流互感器计算变比与选择的标准变比不等，产生的不平衡电流。

④变压器带负荷调节分接头时产生的不平衡电流。

⑤变压器外部短路时差动回路中最大可能的不平衡电流，可按下式计算

$$I_{\mathrm{unb.max}}=(10\%\times K_{\mathrm{ts}}+\Delta U+\Delta f_{\mathrm{er}})I_{\mathrm{k.max}} \tag{6-4-3}$$

式中，K_{ts} 为电流互感器同型系数，取 1；$I_{\mathrm{k.max}}$ 为外部短路时流过基本侧的最大短路电流；ΔU 为带负荷调压变压器分接头调整的相对百分数，通常最大值为 15%；Δf_{er} 为平衡绕组实际匝数与计算

值不同引起的相对误差。

（3）采用 BCH-2 型差动继电器构成的差动保护

BCH-2 型差动继电器是由一个 DL/0.2 型电流继电器、一组带短路绕组和一组平衡绕组的速饱和变流器组成。短路绕组改善躲过非周期分量的性能，特别是躲励磁涌流的性能。

BCH-2 型继电器构成的三绕组变压器纵差动保护单相原理接线如图 6-19 所示。差动继电器的平衡绕组 W_{b1}、W_{b2} 分别接于差动回路的两臂上，差动回路二次电流较大的第三臂不接平衡绕组。对于为双绕组变压器，将一组平衡绕组接于二次电流较小的一臂上，也可使用两组平衡绕组，分别接于两差动臂中。

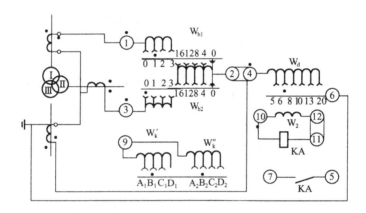

图 6-19　BCH-2 型继电器构成的三绕组变压器纵差动保护单相原理接线图

（4）采用 BCH-2 型差动继电器构成差动保护的整定计算

下面以双绕组变压器为例，说明整定计算的方法和步骤。

①确定基本侧。以电流互感器二次侧电流大的一侧作为基本侧。变压器各侧一次额定电流为

$$I_N = \frac{S_N}{\sqrt{3} U_N} \tag{6-4-4}$$

式中，S_N、U_N 分别为变压器同一侧的额定容量，kVA 和平均额定电压，kV。

再按下式确定电流互感器变比，电流互感器的计算变比为

$$n_{TA.cal} = \frac{K_{CON} I_N}{5} \tag{6-4-5}$$

式中, K_{CON} 为电流互感器的接线系数, 星形接线时为 1, 三角形接线时为 $\sqrt{3}$ 。

求出变比后, 按电压等级和一次电流选择与计算变比接近的标准变比 $n_{TA.cal}$。最后计算变压器差动保护各侧二次额定电流为

$$I_{2N} = \frac{K_{CON} I_N}{n_{TA}} \qquad (6\text{-}4\text{-}6)$$

②计算最大短路电流。计算变压器各侧短路时最大短路电流, 并将其归算到基本侧。

③确定保护装置的一次动作电流。躲过变压器的励磁电流

$$I_{oper} = K_{rel} I_N \qquad (6\text{-}4\text{-}7)$$

式中, K_{rel} 为可靠系数, 取 1.3; I_N 为变压器基本侧的额定电流。

躲过外部短路时的最大不平衡电流

$$I_{oper} = K_{rel} I_{unb.max} = K_{rel} (10\% \times K_{ts} + \Delta U + \Delta f_{er}) I_{k.max}$$

$$(6\text{-}4\text{-}8)$$

式中, K_{rel} 为可靠系数, 取 1.3; 10% 为电流互感器的相对误差, 取 0.1; K_{ts} 为电流互感器同型系数, 取 1; $I_{k.max}$ 为外部短路时流过基本侧的最大短路电流; ΔU 为变压器分接头改变而引起的误差; Δf_{er} 为继电器整定匝数与计算匝数不等而产生的相对误差, 计算动作电流时, 先用 0.05 进行计算。

躲过电流互感器二次回路断线时变压器的最大负荷电流

$$I_{oper} = K_{rel} I_{l.max} \qquad (6\text{-}4\text{-}9)$$

式中, $I_{l.max}$ 为变压器正常运行时归算到基本侧的最大负荷电流。

取上述 3 个条件中最大值作为保护动作电流计算值。

④确定基本侧工作绕组的匝数。

$$N_{d.cal} = \frac{A N_0}{I_{oper \cdot c}} \qquad (6\text{-}4\text{-}10)$$

继电器动作电流计算值为

$$I_{oper \cdot c} = \frac{K_{CON} I_{oper}}{n_{TA}} \qquad (6\text{-}4\text{-}11)$$

式中, $N_{d.cal}$ 为基本侧工作绕组计算匝数; 根据差动绕组实际匝

数,选择与 $N_{\mathrm{d \cdot cal}}$ 相近且较小的抽头匝数作为整定匝数 $N_{\mathrm{d \cdot set}}$；AN_0 为继电器动作安匝,一般取 60 安匝。

⑤确定基本侧实际动作电流及平衡绕组匝数。根据选取的基本侧工作绕组整定匝数,算出继电器的实际动作电流和保护的一次动作。电流分别为

$$I_{\mathrm{oper \cdot b}} = \frac{AN_0}{N_{\mathrm{d \cdot set}}} \qquad (6\text{-}4\text{-}12)$$

$$I_{\mathrm{oper}} = \frac{n_{\mathrm{TA}}}{K_{\mathrm{CON}}} I_{\mathrm{oper \cdot b}} \qquad (6\text{-}4\text{-}13)$$

基本侧工作绕组匝数 N_{Wl} 等于差动绕组 $N_{\mathrm{d.set}}$ 和平衡绕组 $N_{\mathrm{b1 \cdot set}}$ 之和,即

$$N_{\mathrm{Wl}} = N_{\mathrm{d.set}} + N_{\mathrm{b1 \cdot set}} \qquad (6\text{-}4\text{-}14)$$

非基本侧平衡绕组的计算匝数为

$$N_{\mathrm{b2 \cdot cal}} = N_{\mathrm{Wl}} \frac{I_{\mathrm{1N}}}{I_{\mathrm{2N}}} - N_{\mathrm{d \cdot set}} \qquad (6\text{-}4\text{-}15)$$

式中,I_{1N}、I_{2N} 为基本侧、非基本侧二次回路的额定电流。

选用与 $N_{\mathrm{b2 \cdot dal}}$ 相近的整数匝作为非基本侧平衡绕组的整定匝数 $N_{\mathrm{b2 \cdot set}}$。

⑥校验相对误差。

$$\Delta f_{\mathrm{er}} = \frac{N_{\mathrm{b.cal}} - N_{\mathrm{b.set}}}{N_{\mathrm{b.cal}} + N_{\mathrm{b.set}}} \leqslant 0.05 \qquad (6\text{-}4\text{-}16)$$

⑦灵敏度校验。按变压器内部短路故障时最小短路电流校验。

$$\mathrm{Ksen} = \frac{I_{\mathrm{k \cdot min}}}{I_{\mathrm{oper \cdot b}}} \geqslant 2 \qquad (6\text{-}4\text{-}17)$$

式中,$I_{\mathrm{k \cdot min}}$ 为内部短路故障时流入继电器的最小短路电流,已归算到基本侧(如为单侧电源,应归算到电源侧);$I_{\mathrm{oper \cdot b}}$ 为基本侧保护一次动作电流;若为单侧电源变压器,应为电源侧保护一次动作由流。

6.5　发电机的继电保护

6.5.1　发电机比率制动式纵差保护

1. 纵差动保护原理

电流纵差动保护是建立在基尔霍夫电流定律的基础之上,具有良好的选择性,能灵敏、快速地切除保护区内的故障,因而被广泛地应用在能够方便地取得被保护元件各端电流的发电机、变压器、电动机、母线等元件中作为元件保护的主保护。

纵差动保护是比较被保护设备各引出端电气量(如电流)大小和相位的一种保护。图 6-20 所示为纵差保护原理示意图,设被保护设备有 n 个引出端,各个端子的电流相量如图所示,定义流入为电流正方向,则当被保护设备正常运行或设备外部发生短路时,恒有:

$$\sum_{i}^{n} \dot{I}_i = 0 \qquad (6\text{-}5\text{-}1)$$

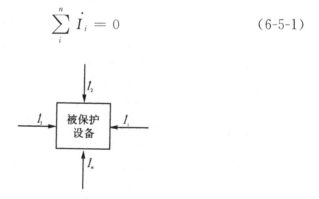

图 6-20　纵差保护原理示意图

而当被保护设备本身发生短路时,设短路电流为 I_d,则有

$$\sum_{i=1}^{n} \dot{I}_i = \dot{I}_d \qquad (6\text{-}5\text{-}2)$$

因此,以被保护设备各端子电流的相量和为动作参数的电流

继电器,在正常运行或被保护设备外部发生各种短路时,该继电器中理论上没有电流,保护可靠不误动;当被保护设备本身发生短路时,巨大的短路电流全部输入该继电器,保护灵敏动作,这就是纵差动保护的基本原理。发电机纵差动保护只反映发电机本身的相间短路,并且迅速、灵敏地切除故障,但不能做相邻其他元件的后备保护。

由于一次电流 I_i 必须经电流互感器 TA 才能引入电流继电器,设互感器的电流变比为 $n_a = \dfrac{I_i}{I'_i}$,正常运行或外部短路电流经互感器转变后,由于电流互感器的误差(主要是饱和的影响),虽然式(6-5-1)成立,但各二次电流的相量和 $\sum\limits_{i=1}^{n} \dot{I}'_i \neq 0$,即有不平衡电流 I_{bp},实际工程计算中有

$$\dot{I}_{bp} = \sum_{i=1}^{n} \dot{I}'_i \approx K_{fzq} K_{tx} f_i I_{d.max}/n_a \qquad (6\text{-}5\text{-}3)$$

式中,K_{fzq} 为非周期系数,考虑外部短路暂态非周期分量电流对互感器饱和的影响,一般取 $1.5\sim2.0$;K_{tx} 为电流互感器的同型系数,若互感器同型,取 0.5,若不同型,则取 1;f_i 为电流互感器比值误差,工程中以 10% 误差计,因此 $f_i = 0.1$;$I_{d.max}$ 为外部短路时流过被保护设备的最大短路电流(周期性分量)。

为防止纵差保护在外部短路时误动,继电器的动作电流应躲过不平衡电流,即

$$I_{dz} = K_k I_{bp} = K_k K_{fzq} K_{tx} f_i I_{d.max}/n_a \qquad (6\text{-}5\text{-}4)$$

式中,可靠系数取 $1.3\sim1.5$。

发电机纵差动保护在差动保护区内发生两相金属性短路时,应有灵敏度,即

$$K_{1m} = \frac{I_{d.min}^{(2)}/n_a}{I_{dz}} \qquad (6\text{-}5\text{-}5)$$

式中,$I_{d.min}^{(2)}$ 为发电机纵差保护区内发生机端两相金属性短路时的最小短路电流。

按此计算出的灵敏度一般比较大,发电机纵差保护的灵敏度

很高。但实际上发电机定子绕组在中性点附近发生短路时,若短路匝数很少,特别是经过渡电阻短路时,流入纵差保护的电流不大,保护存在动作死区。因此在确保外部短路不误动的情况下,尽量降低差动保护的动作电流。下面讨论对发电机内部故障有较高灵敏度、外部短路能可靠不误动的比率制动式差动保护。

2.比率制动式纵差保护的基本原理

按式(6-5-4)整定的差动保护动作定值较大,因为它是以最大外部短路电流下不误动为条件整定的,有可能在发电机内部相间短路时拒动。能否让动作电流随外部短路电流的增大而增大,以保证在外部短路电流小一些时动作电流定值能降低,这样内部相间短路时能有更高的灵敏度。

图 6-21 所示为发电机比率制动式纵差保护原理图,发电机每相首末两端电流各为 I_1、I_2,纵差保护继电器的差动线圈匝数为 W_{cd},制动线圈匝数为 W_{zd1} 和 W_{zd2},若有 $W_{zd1}=W_{zd2}=0.5W_{cd}$,那么差动继电器的差动安匝为 $\dot{I}_{cd}W_{cd}=(\dot{I}'_1-\dot{I}'_2)W_{cd}$;制动安匝为 $(\dot{I}'_1\dot{W}_{zd1}+\dot{I}'_1\dot{W}_{zd2})=0.5(\dot{I}'_1+\dot{I}'_2)W_{cd}$。为了方便,直接以电流表示:

$$差动电流:\dot{I}'_{cd}=\dot{I}'_1-\dot{I}'_2=(\dot{I}_1-\dot{I}_2)/n_a \qquad (6-5-6)$$

$$制动电流:\dot{I}'_{zd}=(\dot{I}'_1+\dot{I}'_2)/2=(\dot{I}_1+\dot{I}_2)/2n_a \qquad (6-5-7)$$

当发电机纵差保护区外发生短路时,$\dot{I}_1=\dot{I}_2=\dot{I}_d$,$\dot{I}'_{cd}=0$,$\dot{I}'_{zd}=\dot{I}_1/n_a=\dot{I}_d/n_a$,制动作用很大,动作作用理论上为零,保护可靠不动作。外部短路电流 I_d 越大,制动电流 I'_{zd} 越大,而差动电流仅为不平衡电流,大小由式(6-5-3)决定,即差动电流也随外部短路电流的增大而增大。因此,差动保护的制动电流、差动电流都随外部短路电流线性增大,图 6-22 所示为发电机纵差保护的比率制动特性。制动电流 I'_{zd} 随外部短路电流而增大的性能,称为"比率制动特性",即图 6-22 中的折线 BC。

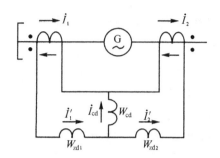

图 6-21　发电机比率制动式纵差保护原理图

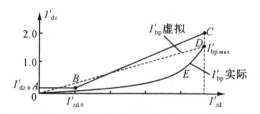

图 6-22　发电机纵差保护的比率制动特性

当发电机正常运行时,各相电流不大于互感器一次额定电流,这时纵差保护的不平衡电流 I_{bp} 不应由式(6-5-3)计算,而应按躲负荷状态下的最大不平衡电流计算,数值很小,因此完全不需要比率制动特性,只用最小动作电流 $I'_{dz.0}$ 就可避免负荷状态下的最大不平衡电流,如图 6-22 中的水平线 AB。

3.发电机比率制动式纵差保护的整定计算

发电机的比率制动式纵差保护只需计算图 6-22 中的 A、B、C 三点。下面分别进行介绍。

(1)最小动作电流 $I'_{dz.0}$(A 点)

A 点的整定原则是保证差动保护在最大负荷状态下不误动。

由于继电保护用的电流互感器 TA 在额定电流下,5P 级和 10P 级比误差分别为 $\pm 1\%$ 和 $\pm 3\%$。所以选取以下定值是充分安全的:

$$I'_{dz.0} = (0.1 \sim 0.2) I'_{2n} \qquad (6\text{-}5\text{-}8)$$

式中,I'_{2n} 为发电机额定电流的二次值。

无根据地增大 $I'_{dz.0}$ 是有害的和没必要的,但尽可能地减小最小动作电流的值以达到最大限度地缩小保护动作死区,是切实可行的。

(2)比率制动特性起始点(拐点 B)

拐点 B 应小于或等于电流互感器 TA 二次额定电流值,当外部短路电流大于一次额定电流时,差动保护开始呈现比率制动特性,所以

$$I'_{zd.0} \leqslant I_{1n}/n_a = I'_{2n} \qquad (6\text{-}5\text{-}9)$$

(3)最大外部短路电流下的 C 点

在外部最大三相短路电流下,纵差保护的最大不平衡电流由式(6-5-3)决定,即图中的 D 点,保护的动作电流,可按式(6-5-4)计算,即 C 点。可用最大制动系数 $K_{zd.max}$ 确定 C 点,按定义有

$$K_{zd.max} = \frac{I'_{dz.max}}{I'_{zd.max}} = K_k \cdot K_{fzq} \cdot K_{tx} \cdot f_i \qquad (6\text{-}5\text{-}10)$$

式中,若取 $K_k = 1.5$,$K_{fzq} = 2.0$,$K_{tx} = 0.5$,$f_i = 0.1$,那么有 $K_{zd.max} = 0.15$。

至此,发电机差动保护的比率制动特性完全确定。这种比率制动特性的发电机纵差保护的灵敏度校验,一定能满足大于 2.0 的要求,因此不需计算。

需注意的是:$K_{zd.max}$ 是 C 点的制动系数,而不是 BC 的斜率。此外,外部短路时纵差保护因互感器引起的实际不平衡电流是 OED,而不是虚直线 OD,所以它完全位于比率制动特性 ABC 之下,不会在外部短路时误动。

6.5.2　接地短路后备保护

接地短路后备保护只讨论中性点直接接地系统。一般做变压器内部绕组、引线、母线和线路接地故障的后备保护,要与相邻线路的接地保护在灵敏度和时间上配合。

1. 中性点直接接地的普通变压器接地后备保护

由两段式零序电流保护构成,零序过流继电器接在中性点回路电流互感器的二次侧。

(1)零序电流Ⅰ段整定按与相邻线路零序电流的Ⅰ段或Ⅱ段配合整定

$$I^{\mathrm{I}}_{0.\,\mathrm{dz}}=K_{\mathrm{k}}I^{\mathrm{I/\,II}}_{0.\,\mathrm{dz.\,1}}/K_{0.\,\mathrm{fz}} \tag{6-5-11}$$

式中,可靠系数 $K_{\mathrm{k}}=1.2$;$I^{\mathrm{I/\,II}}_{0.\,\mathrm{dz.\,1}}$ 为相邻线路零序电流的Ⅰ段或Ⅱ段定值;零序分支系数 $K_{0.\,\mathrm{fz}}=\dfrac{I_{0\text{流过故障线路}}}{I_{0\text{流过本保护}}}$,在配合线路零序电流保护Ⅰ段或Ⅱ段保护区末端接地时的零序分支系数。

110kV 或 220kV 变压器零序Ⅰ段以 $t_1=t_0+\Delta t$(t_0 为配合段时间)跳母联或母分断路器,以 $t_2=t_1+\Delta t$ 跳变压器各侧开关;330kV 或 500kV 变压器高压侧零序Ⅰ段只设一个时限,即 $t_1=t_0+\Delta t$ 跳本侧开关。

(2)零序电流Ⅱ段按与相邻线路零序电流的后备段配合整定

$$I^{\mathrm{II}}_{0.\,\mathrm{dz}}=K_{\mathrm{k}}I^{\mathrm{II}}_{0.\,\mathrm{dz.\,1}}K_{0.\,\mathrm{fz}} \tag{6-5-12}$$

式中,可靠系数 $K_{\mathrm{k}}=1.2$;$I^{\mathrm{II}}_{0.\,\mathrm{dz.\,1}}$ 为相邻线路零序过电流保护后备段的电流定值;零序分支系数 $K_{0.\,\mathrm{fz}}$,是在配合线路零序电流保护后备段保护区末端发生接地故障时,流过故障线路的零序电流与流过本保护的零序电流之比。

110kV 或 220kV 变压器零序过电流Ⅱ段以 $t_3=t_{1.\,\mathrm{max}}$(线路零序过流后备段动作时间)$+\Delta t$ 跳母联或母分,$t_4=t_3+\Delta t$ 跳变压器各侧开关;330kV 或 500kV 变压器高压侧Ⅱ段只设一个时限,$t_3=t_{1.\,\mathrm{max}}+\Delta t$ 跳各侧开关。

(3)灵敏度校验

$$K_{\mathrm{lm}}=\frac{3I_{0.\,\mathrm{d.\,min}}}{I_{0.\,\mathrm{dz}}} \tag{6-5-13}$$

式中,$3I_{0.\,\mathrm{d.\,min}}$ 为Ⅰ段或Ⅱ段保护区末端接地短路时流过保护安装处的零序电流。

2.中性点可能接地或不接地运行的变压器接地后备保护

应配置两种接地后备保护,一种接地保护用于中性点直接接地运行状态,通常采用前面介绍的两段式零序电流保护。另一种用于中性点不接地运行方式,这种保护的配置、整定值计算与变压器中性点绝缘水平、过电压保护方式以及并联运行的变压器台数有关。

(1)中性点全绝缘变压器

应增设零序过电压保护,过电压定值按下式整定。

$$U_{0.max} \leqslant U_{0.dz} \leqslant U_{0.min} \qquad (6\text{-}5\text{-}14)$$

式中,$U_{0.max}$为在部分中性点接地电网中发生单相接地时,保护安装处可能出现的最大零序电压;$U_{0.min}$为中性点直接接地系统的电压互感器,在失去接地中性点时发生单相接地,开口三角绕组可能出现的最低电压。

考虑中性点直接接地系统具有 $X0.\sum / X1.\sum \leqslant 3$,一般取 $U_{0.dz} = 180$V。时间一般只需躲过暂态过电压的时间,通常小于 0.3s。

(2)分级绝缘且中性点装放电间隙的变压器

此类变压器应增设反应零序电压和间隙放电电流的零序电压电流保护。

根据经验,保护的一次动作电流可取 100A,零序过电压取 180V,动作延时一般不超过 0.3s,跳变压器各侧断路器。

(3)分级绝缘且中性点不装设放电间隙的变压器

此类变压器应装设零序电流电压保护。当由两组以上变压器并联运行时,零序电流电压保护先切除中性点不接地的变压器,后切除接地变压器。电流元件的整定及灵敏系数校验同前面介绍的零序过电流保护;零序过电压元件取 180V;切除中性点不接地变压器的时间一般不大于 0.3s。这种保护方案使几台变压器之间互相有联系,二次接线复杂,一般不推荐使用。

6.6 高压电动机的继电保护

6.6.1 高压电动机的故障类型和应装设的保护

电动机的主要故障是定子绕组的相间短路,其次是单相接地故障和一相绕组的匝间短路。电动机不正常运行方式有过负荷、低电压,此外对同步电动机还有失步和失磁等。

针对上述故障和异常运行状态,电动机应装设如下保护:

(1)相间短路保护

容量在2000kW以下的电动机应装设电流速断保护;容量在2000kW以上或容量小于2000kW但电流速断保护灵敏度不满足要求的电动机应装设纵联差动保护。保护动作于跳闸,对同步电动机还应进行灭磁。

(2)接地短路保护

当小电流接地系统中接地电容电流大于5A时,应装设单相接地短路保护。当单相接地电流为10A及以下时,保护可动作于信号或跳闸;当单相接地电流大于10A时,保护动作于跳闸。

(3)过负荷保护

对于易发生过负荷的电动机应装设过负荷保护,保护应根据负荷特性延时动作于信号、跳闸或减负荷。

(4)低电压保护

当电源电压短时降低或短时中断后又恢复时,为保证重要电动机的自启动,对不重要的电动机应装设低电压保护,要求经0.5s时限动作于跳闸。此外,根据生产工艺过程不允许或不需要自启动的电动机,应装设低电压保护,要求经0.5~1.5s时限动作于跳闸。为保证人身和设备的安全,对需要参加自启动,但在电源电压长时间消失后自启动有困难的电动机,也要装设低电压保护,要求经5~10s时限动作于跳闸。

6.6.2　电动机的相间短路保护

1. 电流速断保护

电流速断保护通常采用两相不完全星形联结；当灵敏度允许时，也可采用两相电流差接线方式。对于不易过负荷的电动机，可选用 DL 型电流继电器；对易过负荷的电动机，可选用 GL 型电流继电器。其瞬动元件作为相间短路保护，作用于跳闸，其反时限元件作为过负荷保护，延时作用于信号、跳闸或减负荷。

电动机电流速断保护的动作电流按躲过电动机的最大启动电流整定，即

$$I_{op.K} = \frac{K_{rel} K_w}{K_i} I_{st.max} \qquad (6-6-1)$$

式中，K_{rel} 为可靠系数，DL 型继电器可取 1.4～1.6，GL 型继电器可取 1.8～2。

保护的灵敏度按式（6-6-2）校验：

$$K_s = \frac{I_{k.min}^{(2)}}{K_i I_{op.K}} \geqslant 2 \qquad (6-6-2)$$

式中，$I_{k.min}^{(2)}$ 为电动机出口处的最小两相短路电流。

2. 纵联差动保护

在小电流接地系统中，电动机的纵联差动保护可采用由两个 BCH-2 型或 DL-11 型继电器构成的两相式接线。图 6-23 所示为电动机纵联差动保护原理接线图。

保护的动作电流按躲过电动机的额定电流整定，即

$$I_{op.K} = \frac{K_{rel} K_w}{K_i} I_{NM} \qquad (6-6-3)$$

式中，K_{rel} 为可靠系数，对 BCH-2 型继电器取 1.3，对 DL-11 型继电器取 1.5～2。

保护的灵敏度可按式（6-6-3）校验，要求 $K_s \geqslant 2$。

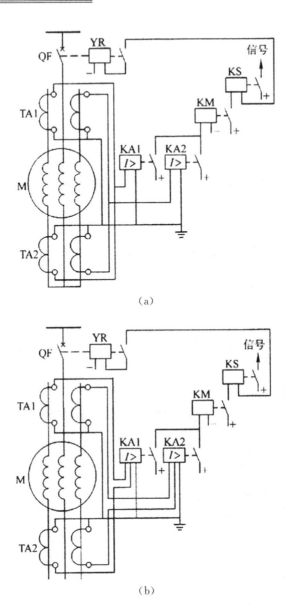

图 6-23　电动机纵联差动保护原理接线图

(a)由 DL-11 型电流继电器构成的差动保护；

(b)由 BCH-2 型差动继电器构成的差动保护

6.6.3　电动机的过负荷保护

相间短路保护若由 GL 型电流继电器组成,可利用其感应元

件作为电动机的过负荷保护。过负荷保护的动作电流按躲过电动机额定电流整定,即

$$I_{op.K} = \frac{K_{rel}K_w}{K_{re}K_i}I_{NM} \qquad (6-6-4)$$

式中,K_{rel} 为可靠系数,保护动作于信号时,取 $1.05\sim1.1$,动作于减负荷或跳闸时,取 $1.2\sim1.25$;K_{re} 为返回系数,对 GL 型继电器取 0.85。

过负荷保护的动作时间,应大于电动机启动及自启动所需的时间,一般取 $15\sim20s$。

小电流接地系统的高压电动机,当单相接地电流大于 5A 时,应装设单相接地保护,并瞬动于跳闸。电动机的单相接地保护一般均采用零序电流保护,其构成、原理及整定计算原则与前面介绍的电力线路的单相接地保护相似。

6.7　微机型继电保护

传统的继电保护都是针对于模拟量的保护,保护的功能完全由硬件电路来实现。近年来,随着互联网技术的快速发展,继电保护也发生了新的变化——反应数字量的微机保护。

与传统继电保护相比,微机保护具有以下优点:①保护性能好;②灵活性大;③可靠性高;④调试维护方便;⑤易于获取附加功能。

6.7.1　微机保护装置的硬件构成

微机保护与传统继电保护的最大区别就在于前者不仅有实现继电保护功能的硬件电路,而且还有实现保护和管理功能的软件;而后者则只有硬件电路。一般地,微机保护装置的硬件构成可分为六部分,其构成如图 6-24 所示。

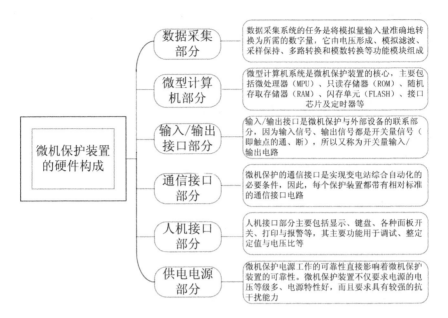

数据采集部分 —— 数据采集系统的任务是将模拟量输入量准确地转换为所需的数字量，它由电压形成、模拟滤波、采样保持、多路转换和模数转换等功能模块组成

微型计算机部分 —— 微型计算机系统是微机保护装置的核心，主要包括微处理器（MPU）、只读存储器（ROM）、随机存取存储器（RAM）、闪存单元（FLASH）、接口芯片及定时器等

微机保护装置的硬件构成

输入/输出接口部分 —— 输入/输出接口是微机保护与外部设备的联系部分，因为输入信号、输出信号都是开关量信号（即触点的通、断），所以又称为开关量输入/输出电路

通信接口部分 —— 微机保护的通信接口是实现变电站综合自动化的必要条件，因此，每个保护装置都带有相对标准的通信接口电路

人机接口部分 —— 人机接口部分主要包括显示、键盘、各种面板开关、打印与报警等，其主要功能用于调试、整定定值与电压比等

供电电源部分 —— 微机保护电源工作的可靠性直接影响着微机保护装置的可靠性。微机保护装置不仅要求电源的电压等级多、电源特性好，而且要求具有较强的抗干扰能力

图 6-24　微机保护装置的硬件构成

6.7.2　微机保护的数据采集系统

数据采集系统的原理是电信号的模拟量转变成数字量的过程。按其转换器的类型，模-数转换可分为两类：一类是比较式数据采集系统，采用逐次比较式模-数转换器（A-D 转换器，ADC）实现数据的转换；另一类是压频转换式数据采集系统，采用 V/F 变换器（VFC）实现数据的转换。这里以比较式数据采集系统为例加以介绍。

比较式数据采集系统的框图如图 6-25 所示。它包含交流变换器、前置模拟低通滤波器（ALF）、采样保持器（S/H）、多路转换开关（MPX）和模数（A-D）转换器等功能模块。

（1）交流变换器

交流变换器的作用有二个：一是将从电压互感器（TV）、电流互感器（TA）上获得的二次电流、电压信号变换成与 A-D 转换芯片电平相匹配的电压信号；二是实现互感器二次回路与微机保护 A-D 转换系统完全电隔离，以提高抗干扰能力。

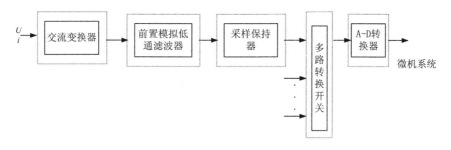

图 6-25　比较式数据采集系统的框图

（2）前置模拟低通滤波器

前置模拟低通滤波器一般由 R、C 元件组成,其作用是阻止频率高于某一数值的信号进入 A-D 转换系统。

（3）采样保持器

微机保护系统通常要同时检测几个模拟量,为了使各信号间的相位关系保持不变,必须在每一通道上装设采样保持器,在同一瞬间对各模拟量采样并予以保持,以供 A-D 转换器相继进行变换图 6-26 为采样保持过程示意图。

（4）多路转换开关

数据采集系统往往要对多路模拟量进行采集,但由于 A-D 转换器价格昂贵,通常不是每个模拟输入量通道设一个 A-D 转换器,而是采用多路模拟信号共用一个 A-D 转换器,中间用一个多路转换开关轮流切换各路模拟量与 A-D 转换器之间的通道,使得在任一时刻只将一路模拟信号输入到 A-D 转换器,从而实现分时转换的目的。

（5）A-D 转换器

由于计算机只能处理数字信号,而电力系统中的电流、电压均为模拟量,因此,必须采用 A-D 转换器将连续的模拟量转换为离散的数字量。

微机保护用的 A-D 转换器绝大多数都是应用逐次逼近法的原理实现的,它由一个 D-A 转换器和一个比较器组成,图 6-27 所示为逐次比较式 A-D 转换原理图。

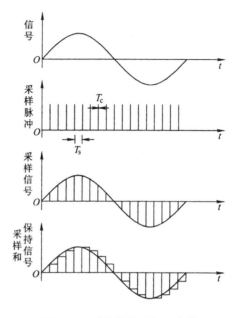

图 6-26　采样保持过程示意图

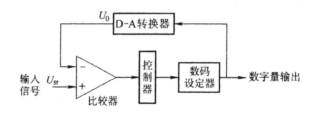

图 6-27　逐次比较式 A-D 转换原理图

6.7.3　提高微机保护可靠性的措施

可靠性是对继电保护装置的基本要求之一,它包括两个方面——不误动和不拒动。可靠性和很多因素有关,例如保护的原理、工艺和运行维护水平等。运行中的微机保护装置的可靠性主要面临两个问题,其一是元器件损坏,其二是电磁干扰引起的功能障碍。两者当中抗干扰问题是危机保护中的主要问题。所以,应采取有效措施防止各种干扰进入微机保护装置,包括:①合理的接地处理;②良好的屏蔽与隔离;③必要的滤波、退耦和旁路电容；④稳定的电源；⑤分配和布置插件的合理性。

微机保护装置在电力系统正常运行时，其程序不断对系统的 RAM、EPROM、数据采集系统、出口通道等各部分进行在线自检。如有元器件损坏，装置应能及时发现、定位并报警，以便运行人员迅速采取措施予以修复，此过程中的可靠性问题运用容错设计加以保证。

第7章　电气二次系统

在电力系统中,对一次设备的工作状态进行监视、控制、测量和保护的辅助电气设备称为二次设备。根据技术要求,将二次设备按一定顺序相互连接而成的电路称为二次回路或二次接线,也称二次系统。

7.1　电气二次回路

7.1.1　电器二次回路及其分类

二次回路(也称二次接线)指二次设备及其相互连接的回路,其任务是通过二次设备对一次设备的监察测量来反映一次回路的工作状态,并控制一次回路,保证其安全、可靠、经济、合理地运行。变电所二次系统与一次系统的关系如图7-1所示。

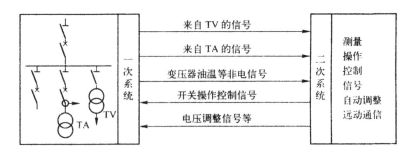

图7-1　变电所二次系统与一次系统的关系

二次回路按电源性质分,有直流回路和交流回路。交流回路又分为交流电流回路(由电流互感器供电)和交流电压回路(由电压互感器供电)。二次回路按用途分,有操作电源回路、测量(或计量)表计和监视回路、断路器控制和信号回路、中央信号回路、继电保护回路和自动装置回路等。

7.1.2 二次接线图

用规定的图形符号和文字符号将电气二次设备按照工作要求连接在一起的图形称为电气二次接线图。传统的二次接线图按其用途可分为原理接线图、展开接线图和安装接线图。二次接线图应采用国家规定的图形符号和文字符号绘制,表 7-1 列出了电气设备常用的文字符号。

表 7-1 电气设备常用的文字符号

文字符号	名称	旧符号	文字符号	名称	旧符号
A	放大器	—	KR	干簧继电器	GHJ
APD	备用电源自动投入装置	BZT	KS	信号继电器	XJ
ARD	自动重合闸装置	ZCH	KT	时间继电器	SJ
C	电容,电容器	C	KV	电压继电器	YJ
F	避雷器	BL	KZ	阻抗继电器	ZJ
FD	跌落式熔断器	DR	L	电感,电感线圈	L
FU	熔断器	RD	L	电抗器	DK
G	发电机,电源	F	M	电动机	D
HA	蜂鸣器,警铃,电铃等	FM,JL	N	中性线	N
HL	指示灯,信号灯	XD	PA	电流表	A
HLR	红色指示灯	HD	PE	保护线	—
HLG	绿色指示灯	LD	PEN	保护中性线	N
HLY	黄色指示灯	UD	PJ	电能表	Wh,varh
HLW	白色指示灯	BD	PV	电压表	V
K	继电器,接触器	J,C	Q	电力开关	K
KA	电流继电器	LJ	QF	断路器(含自动开关)	DL(ZK)
KAC	加速继电器	JSJ	QK	刀开关	DK

文字符号	名称	旧符号	文字符号	名称	旧符号
KAR	重合闸继电器	CHJ	QL	负荷开关	FK
KB	闭锁继电器	BJ	QS	隔离开关	GK
KD	差动继电器	CJ	R	电阻,电阻器	R
KG	气体继电器	WSJ	RP	电位器	W
KM	中间继电器	ZJ	S	电力系统	XT
KM	接触器	C	SA	控制开关,选择开关	KK,XK
KP	功率继电器,极化继电器	GJ	SB	按钮	AN
KO	合闸接触器	HC	T	变压器	B
TA	电流互感器	CT,LH	WC	控制小母线	KM
TAN	零序电流互感器	LLH	WFS	预告信号小母线	YXM
TAM	中间变流器	ZLH	WL	线路	XL
TAV	电抗变压器	DKB	WO	合闸电源小母线	HM
TV	电压互感器	PT,YH	WS	信号电源小母线	XM
TVM	中间变压器	ZYH	WV	电压小母线	YM
U	变流器,整流器	BL,ZL	XB	连接片,切换片	LP,QP
V	电子管,晶体管	—	XT	端子板	—
VD	二极管	D	YA	电磁铁	DC
VT	晶体(三极)管	T	Y0	合闸线圈	HO
W	母线	M	YR	跳闸线圈,脱扣器	TQ
WF	闪光信号小母线	SYM	ZAN	负序电流滤过器	—
WAS	事故声响信号小母线	SM	ZVN	负序电压滤过器	—

变电站的二次回路和自动装置是变电站的重要组成部分,对一次回路安全、可靠运行起着重要作用,智能变电站将是未来变电站发展的方向和智能电网的重要组成部分。因此,对其操作电源、高压断路器控制回路、中央信号回路、测量和绝缘监视回路、自动装置及二次回路安装接线图应给予重视,并熟悉和掌握。

1.原理接线图

原理接线图是表示二次接线构成原理的基本图纸,图 7-2 所示为两相式定时限过电流保护装置电路原理接线图。

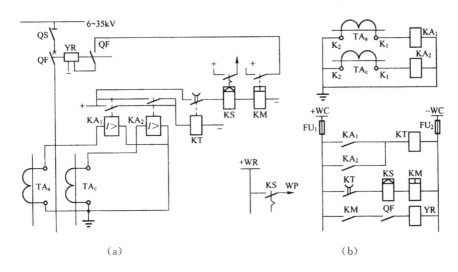

(a)　　　　　　　　　　　　　　　(b)

图 7-2　两相式定时限过电流保护装置电路原理接线图

(a)归总式(集中表示)电路;(b)展开式(分开表示)电路

(1)归总式原理接线图

它是用来表示继电保护、测量表计、控制信号和自动装置等工作原理的一种二次接线图。采用的是集中表示方法,即在原理图中,各元件是用整体的形式,与一次接线有关部分画在一起,如图 7-2(a)所示,但当元件较多时,接线相互交叉太多,不容易表示清楚,因此仅在解释继电保护动作原理时,才使用这种图形。

(2)展开式原理接线图

它是将每套装置的交流电流回路、交流电压回路和直流操作回路和信号回路分开来绘制。在展开式接线图中,同一仪表或继电器的电流线圈、电压线圈和触点常常被拆开来,分别画在不同的回路中,因而必须注意将同一元件的线圈和触点用相同的文字符号表示,如图 7-2(b)所示。另外,在展开式接线图中,每一回路的旁边附有文字说明,以便于阅读。

展开式原理图的特点是条理清晰,易于阅读,能逐条地分析和检查,对复杂的二次回路,展开图的优点更显得突出。因此,在实际工作中,展开图用得最多。

2.安装接线图

安装接线图表明屏上各二次设备的内部接线及二次设备间的相互接线,图7-3所示为10kV线路定时限过电流保护二次接线图的安装接线图。

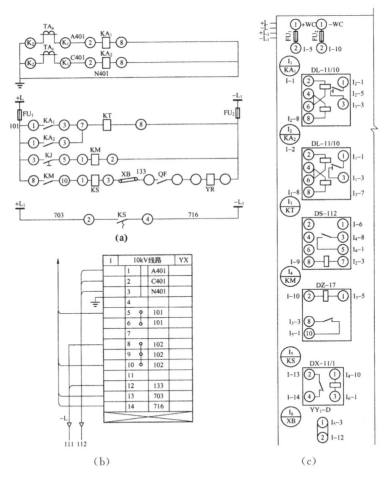

图 7-3 10kV 输电线路定时限过电流保护二次接线图的安装接线图

(a)展开图;(b)端子排图;(c)安装接线图

安装接线图上各二次设备的尺寸和位置,不要求按比例绘出,但都应和实际的安装位置相同。由于二次设备都安装在屏的正面,而其接线都在屏的背面,所以安装接线图是屏的背视图。

7.2　断路器的控制回路

7.2.1　高压断路器的控制回路

1. 控制开关

控制开关是电气工作人员对断路器进行分、合闸控制的操作元件,目前变电所多采用 LW2 型控制开关。LW2 型控制开关的外形结构如图 7-4 所示。触点盒共有 14 种,一般采用 1a、4、6a、20、40 五种类型。控制开关的手柄和安装面板安装在控制屏的前面,与手柄固定连接的触点盒安装于屏后。

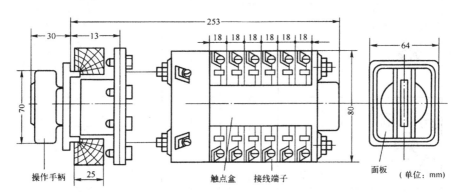

操作手柄　　触点盒　接线端子　　面板　（单位：mm）

图 7-4　LW2 控制开关的外形结构

常用的控制开关有 LW2-Z 型和 LW2-YZ 型。LW2-Z 型手柄内无信号灯,用于灯光监视的断路器控制回路;LW2-YZ 型手柄内有信号灯,用于音响监视的断路器控制回路。当手柄转动时,每个触点盒内动、静触点的通断情况,需查看触点图表,图 7-5 为 LW2-Z/F8 型控制开关触点图表,图 7-6 为 LW2-YZ/F1 型控制开关触点图表。"×"表示触点是闭合状态,否则为断开。

手柄在跳后位置时触点盒的背面状态	手柄与触点盒形式 F8	触点端子号	手柄在不同位置各触点的闭合表						竖线为手柄位置,黑点表示闭合状态	
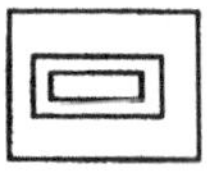			跳后	预合	合闸	合后	预跳	跳闸	跳 预 预 合 后 跳 合 后 跳 合 闸 闸	
① ② ④ ③	1a	1-3		×		×			①	③
		2-4	×				×		②	④
⑤ ⑥ ⑧ ⑦	4	5-8			×				⑤	⑧
		6-7						×	⑥	⑦
⑨ ⑩ ⑫ ⑪	6a	9-10		×		×			⑨	⑩
		9-12			×				⑨	⑫
		10-11	×				×	×	⑩	⑪
⑬ ⑭ ⑯ ⑮	40	13-14		×			×		⑬ ⑭	⑭
		14-15	×					×	⑭	⑮
		13-16			×	×			⑬	⑯
⑰ ⑱ ⑳ ⑲	20	17-19			×	×			⑰	⑲
		17-18		×			×		⑰	⑱
		18-20	×					×	⑱	⑳
㉑ ㉒ ㉔ ㉓	20	21-23			×	×			㉑	㉓
		21-22		×			×		㉑	㉒
		22-24	×					×	㉒	㉔

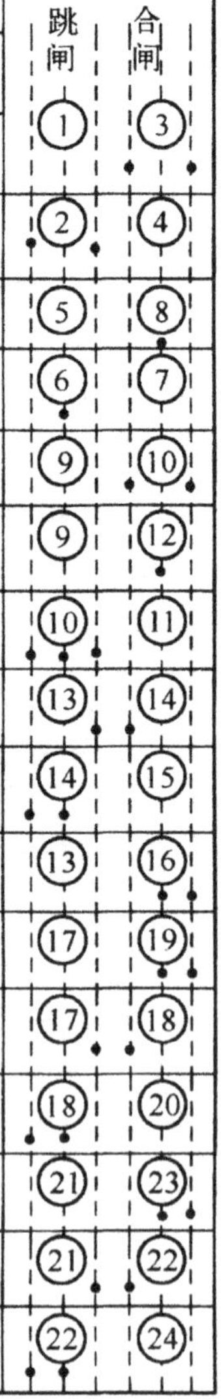

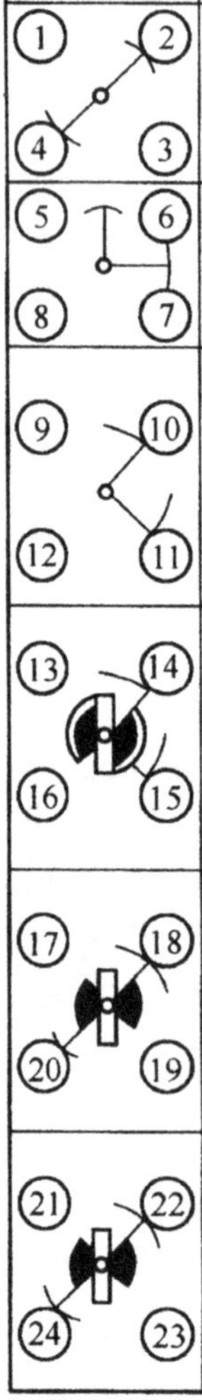

图 7-5　LW2-Z/F8 型控制开关触点图表

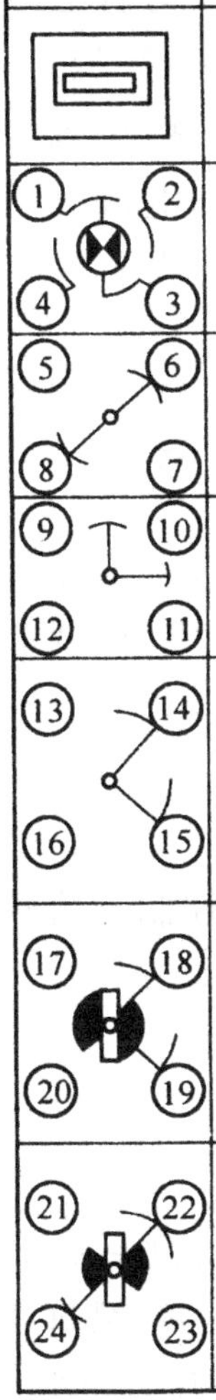

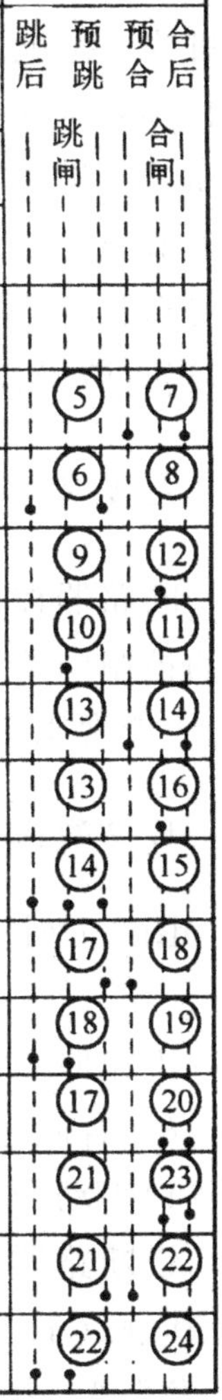

手柄在跳后位置时触点盒的背面状态	手柄与触点盒形式	触点端子号	手柄在不同位置各触点的闭合表						竖线为手柄位置，黑点表示闭合状态
			跳后	预合	合闸	合后	预跳	跳闸	跳后 预跳 合后 / 预合 跳闸 合后 跳闸 合闸
	F1								
①②④③	灯								
⑤⑥⑧⑦	1a	5—7	×			×			⑤ ⑦
		6—8	×				×		⑥ ⑧
⑨⑩⑫⑪	4	9—12			×				⑨ ⑫
		10—11						×	⑩ ⑪
⑬⑭⑯⑮	6a	13—14		×		×			⑬ ⑭
		13—16			×				⑬ ⑯
		14—15	×				×	×	⑭ ⑮
⑰⑱⑳⑲	40	17—18		×					⑰ ⑱
		18—19	×					×	⑱ ⑲
		17—20			×	×			⑰ ⑳
㉑㉒㉔㉓	20	21—23			×	×			㉑ ㉓
		21—22		×			×		㉑ ㉒
		22—24	×					×	㉒ ㉔

图 7-6　LW2-YZ/F1 型控制开关触点图表

这种控制开关有六种操作位置，即跳闸后（TD）、预备合闸（PC）、合闸（C）、合闸后（CD）、预备跳闸（PT）、跳闸（T），其中"合闸后"与"跳闸后"为固定位置，其他均为操作时的过渡位置。合闸操作的顺序为：预备合闸→合闸→合闸后；跳闸操作的顺序为：预备跳闸→跳闸→跳闸后。

2．操作机构

操作机构是高压断路器本身附带的分、合闸传动装置，即执行机构。配电系统的中小型变电所中常用的操作机构有电磁式（CD 型）、弹簧式（CT 型）、手动式（CS 型）和液压式（CY 型）。除手动式操作机构外，都有合闸线圈，弹簧式和液压式操作机构的合闸电流一般不大于 5A，而电磁式操作机构的合闸电流可达几十安到几百安；所有操作机构的跳闸线圈的跳闸电流一般都不大，当直流操作电压为 110～220V 时为 0.5～5A。

7.2.2 灯光监视的断路器控制回路及信号

断路器控制回路的接线方式较多，按监视方式可分为灯光监视的控制回路与音响监视的控制回路。前者多用于中、小型变电所，后者常用于大型变电所。

1．电磁操作机构的断路器控制回路

图 7-7 所示为灯光监视电磁操作机构的断路器控制和信号回路。

工作原理如下：

（1）合闸过程

1）手动合闸

设断路器处于跳闸状态，控制开关 SA 处于"跳闸后（TD）"位，其触点 10－11 通，断路器的动断辅助触点 QF_1 通，绿灯 HG 亮，发平光，表明断路器是断开状态，因电阻 R_1 的分压，合闸接触器 KO 不动作。

首先将控制开关 SA 顺时针旋转 90°，处于"预备合闸（PC）"位，其触点 9－10 通，此时绿灯 HG 接于闪光母线（＋）WF 上，绿灯发闪光，表明 SA 与断路器位置不对应，提醒操作人员进一步操作。

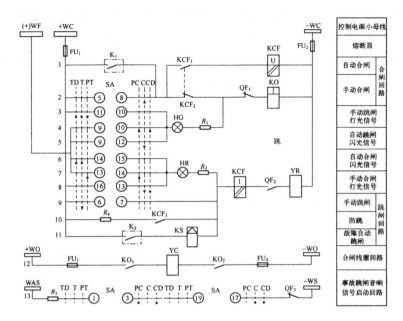

图 7-7　灯光监视电磁操作机构的断路器控制和信号回路

WC—控制小母线；WF—闪光信号小母线；WO—合闸小母线；

WAS—事故音响小母线；KCF—防跳继电器；HG—绿色信号灯；HR—红色信号灯；

KW—信号继电器；KO—合闸接触器；YC—合闸线圈；YR—跳闸线圈；SA—控制开关

再将 SA 继续顺时针旋转 45°，处于"合闸（C）"位，其触点 5-8 通，使合闸接触器 KO 线圈直接接于正负电源之间，KO 动作，其触点 KO_1、KO_2 闭合使合闸线圈 YC 得电，断路器合闸。断路器合闸后，其动断辅助触点 QF_1 断开，保证合闸线圈短时通电，同时使绿灯熄灭；动合辅助触点 QF_2 闭合，红灯 HR 亮。

最后松开 SA，在弹簧作用下，自动回到"合闸后（CD）"位，SA 触点 13—16 通，红灯发平光，表明断路器已合闸。同时 SA 触点 9—10 通，为故障后断路器自动跳闸后绿灯发闪光做好准备。

2）自动合闸

初始位置与手动合闸时相同，断路器在跳闸状态，SA 在"跳闸后（TD）"位，绿灯 HG 发平光。当自动装置（自动重合闸装置或备用电源自动投入装置）动作后，其出口执行触点 K_1 闭合，使合闸接触器 KO 线圈得电动作,其触点 KO_1、KO_2 闭合使合闸线圈 YC 得电,断路器自动合闸,此时 SA 仍然在 TD 位,其触点 14—15 通,红灯 HR 发闪光,表明 SA 与断路器位置不对应,提醒值班人员将 SA 转至相应的位置下,HR 发平光。

(2)跳闸过程

1)手动跳闸

设断路器处于手动合闸后状态,控制开关 SA 处于"合闸后(CD)"位,红灯 HR 发平光。将控制开关 SA 逆时针旋转 $90°$,置于"预备跳闸(PT)"位,触点 13—14 通,红灯发闪光。再将 SA 继续逆时针旋转 $45°$,置于"跳闸(T)"位,其触点 6—7 通,使跳闸线圈 YR 得电(回路中 KCF 线圈为电流线圈),断路器跳闸,QF_2 断开,保证跳闸线圈短时通电,同时熄灭红灯,QF_1 合上,闭合绿灯回路。松开 SA 后,自动回到"跳闸后(TD)"位,触点 10—11 通,绿灯发平光,表明断路器已跳闸。

2)自动跳闸

初始位置同样是断路器处于手动合闸后状态,当系统中出现短路故障,继电保护动作后,其出口执行触点 K_2 闭合,使跳闸线圈 YR 得电,断路器自动跳闸,此时 SA 仍然在 CD 位,其触点 9—10 通,绿灯发闪光,表明 SA 与断路器位置不对应,同时触点 1—3、17—19 通,事故音响启动回路接通,变电所中蜂鸣器发出声响,通知值班人员加以处理。

2. 弹簧操作机构的断路器控制回路

弹簧操作机构的断路器控制回路如图 7-8 所示。图中,M 为储能电动机,其他设备符号含义与图 7-7 相同。

3. 手动操作机构的断路器控制回路

图 7-9 所示为交流操作电源的手动操作机构的断路器控制和信号回路。

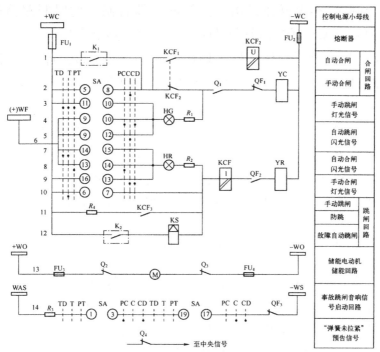

图7-8 弹簧操作机构的断路器控制回路

M—储能电动机；Q₁～₄—弹簧操作机构辅助触点

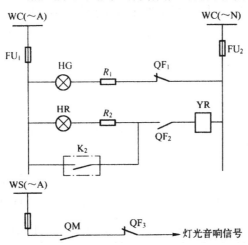

图7-9 交流操作电源的手动操作机构的断路器控制和信号回路

WC—控制小母线；WS—信号小母线；HG—绿色信号灯；
HR—红色信号灯；R_1、R_2—限流电阻；YR—跳闸线圈（脱扣器）；
QF₁～₃—断路器 QF 的辅助触点；QM—手动操作机构辅助触点

合闸时,推上操作机构手柄使断路器合闸。此时断路器的动合辅助触点 QF_2 闭合,红灯 HR 亮,指示断路器合闸。

跳闸时,扳下操作机构手柄使断路器跳闸,QF_2 断开,切断跳闸回路,同时,断路器动断辅助触点 QF_1 闭合,绿灯 HG 亮,指示断路器跳闸。

信号回路中 QM 为操作机构动合辅助触点,当操作手柄在合闸位置时闭合,而 QF_3 当断路器跳闸后闭合。因此,当继电保护装置 KA 动作,其出口触点闭合,断路器自动跳闸,而操作手柄仍在合闸位置,"不对应启动回路"接通,发出事故音响信号。

7.2.3 音响监视的控制回路和信号回路

在大型发电厂和变电所中,被控制的回路较多,灯光监视有时不容易及时发现故障,改进的办法是利用音响信号来监视断路器的控制回路,以便及时通知值班人员进行处理。

图 7-10 为常用的音响监视的断路器(带电磁操动机构)控制回路和信号回路。这种接线的特点是位置信号灯只有一个,并附在控制开关的手柄内,利用两个中间继电器,即合闸位置继电器 KCC 和跳闸位置继电器 KCT,分别代替灯光监视接线图中的红灯和绿灯。因此它的控制回路和信号回路是分开的。

1. 断路器的手动合闸和自动合闸

合闸之前,跳闸位置继电器 KCT 是带电的,它的触点 KCT_1 呈闭合状态。

手动合闸时,将手柄先转动到"预备合闸"垂直位置,触点 SA_{13-14} 和指示灯触点 SA_{2-4} 均闭合,于是信号回路－WS→R—SA_{2-4}→KCT_1→SA_{13-14}→(＋)WF 接通,指示灯发闪光。手柄再转动 45°到"合闸"位置,触点 SA_{9-12} 闭合,于是控制回路＋WC→FU_1→SA_{9-12}→KLB_2→QF_1→KO→$2FU_2$→－WC 接通,合闸接触器励磁,断路器合闸。合闸完成后,辅助触点 QF_2 闭合,合闸位置继电器 KCC 接通,其触点 KCC_1 闭合。手柄内的指示灯由于触点

SA$_{2-4}$、SA$_{17-20}$ 和 KCC$_1$ 的闭合而发恒定光。当手柄放开后,又回到"合闸后"的位置,指示灯恒定发光,表示断路器已处在合闸状态。

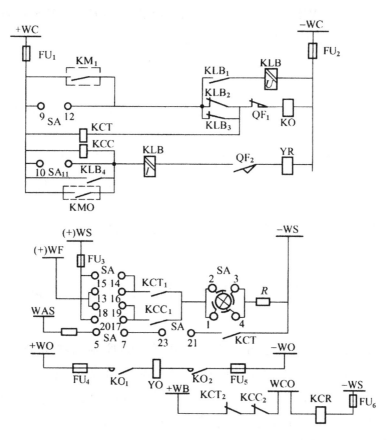

图 7-10　音响监视的断路器(带电磁操动机构)控制回路和信号回路

自动合闸就是利用自动投入装置触点 KM$_1$ 代替控制开关触点 SA$_{9-12}$ 来完成合闸操作。它与手动合闸不相同的是控制开关仍在"跳闸后"位置,由于二者呈现"不对应",因而手柄内的指示灯经触点 SA$_{1-3}$、触点 KCC$_1$ 和 SA$_{18-19}$ 接至闪光小母线(＋)WF上,指示灯发闪光。

2. 断路器的手动跳闸和自动跳闸

手动跳闸后,手柄在水平的"跳闸后"位置,表明断路器为手动跳闸。如若线路发生故障,由继电保护动作,将断路器跳闸。

QF$_1$ 闭合,使跳闸位置继电器带电,相应触点 KCT$_1$ 闭合。由于控制开关手柄在垂直的"合闸后"位置,与断路器的位置不对应,控制回路(＋)WF→SA$_{13-14}$→KCT$_1$→SA$_{2-4}$→R→－WS 接通,指示灯发闪光,表明断路器为自动跳闸。

3.音响监察

音响监视的控制回路既可按亮屏运行,也可按暗屏运行。图 7-10 中的(＋)WS 是可控制暗灯(即暗屏)或亮灯(即亮屏)的运行小母线。在正常运行时,不给(＋)WS 带正电压,控制开关内附指示灯正常时不亮,即所谓暗屏运行。需要亮屏运行时,再给(＋)WS 加正电源,指示灯亮。这样采用暗屏运行,不仅能减少直流电能的消耗,也可使值班环境更加安宁,颇受运行人员欢迎。

7.3　隔离开关的控制信号与闭锁回路

根据操动机构形式的不同,隔离开关的控制回路可分为电动操作式、液压操作式和气动操作式等。图 7-11 为隔离开关电动操作及闭锁回路图,下面以图 7-11 隔离开关电动操作为例,分析其操作过程。图中给出的一次接线示意图表明,出线断路器 QF 两侧有两组隔离开关 1QS 和 2QS,1QS 的一侧带有接地开关(1QS1),而 2QS 是两侧均有接地开关(2QS1 和 2QS2)。因为隔离开关没有专门的灭弧装置,不能用来切断或接通负荷电流和短路电流,所以必须是在断路器断开及接地开关断开的情况下,才能对隔离开关进行操作。为避免误操作,隔离开关与断路器、接地开关的操作之间必须按规定的操作顺序加以闭锁。即在图 7-11 中隔离开关 1QS 的控制回路中应采用接地开关 1QS1 的动断触点作闭锁,隔离开关 2QS 的控制回路中应同时采用接地开关 2QS1 和 2QS2 的动断触点作闭锁,隔离开关 1QS 和 2QS 控制回路与断路器的闭锁可共同由断路器的动断辅助触点 QF 来实现。

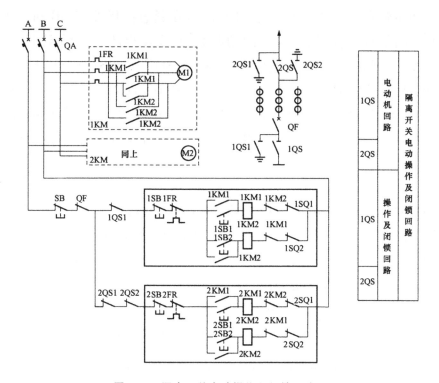

图 7-11　隔离开关电动操作及闭锁回路图

SB、1SB、2SB—紧急停止按钮；1SB1、2SB1—合闸按钮；

1SB2、2SB2—分闸按钮；1KM1、2KM1—合闸接触器线圈；

1、2KM2—分闸接触器线圈；1、2SQ—行程开关；1、2FR—热继电器；

1QS、1QS1、2QS、2QS1、2QS2—隔离开关辅助触点；

1、2KM—隔离开关电动机构；M1、M2—电动机；QA—低压断路器

　　隔离开关的分闸和合闸由接触器 KM1 和 KM2 控制电动机 M 正转和反转来实现，接触器 KM1 和 KM2 分别由合闸按钮 SB1 和分闸按钮 SB2 启动，并由其动合触点 KM1 和 KM2 自保持。合闸（或分闸）到位后，由行程开关 SQ1（或 SQ2）切断电路，电动机由热继电器 FR 保护。

　　下面以隔离开关 1QS 为例来说明隔离开关的合闸和分闸操作。

1.合闸操作

　　合闸操作前断路器 QF 和接地开关 1QS1 均处于断开位置，

其动断触点 QF 和 1QS1 均是闭合的,在紧急停机按钮 SB 和 1SB 的动断触点闭合、热继电器的动断触点 1FR 也闭合的情况下,远方按动合闸按钮 1SB1,使电路 A→SB→QF→1QS1→1SB→1KR →1SB1→1KM1→1KM2→1SQ1→B 接通,1KM1 励磁,电动机 M1 正转,隔离开关 1QS 合闸。当合闸到位时,行程开关 1SQ1 断开,切断合闸回路,1KM1 失电,电动机停止正转,合闸操作完毕。

2.分闸操作

同样道理,分闸操作前断路器 QF 和接地开关 1QS1 也应该处于断开的位置,其动断触点 QF 和 1QS1 均是闭合的。在紧急停机按钮 SB 和 1SB 的动断触点闭合、热继电器的动断触点 1FR 也闭合的情况下,按动分闸按钮 1SB2,于是分闸接触线圈 1KM2 励磁,电动机 M1 反转,隔离开关分闸。待分闸到位时,行程开关 1SQ2 断开,切断分闸回路,1KM2 失电,电动机停止反转,分闸操作结束。

3.电动机紧急停止

接入两组隔离开关各自回路中的紧急停机按钮 1SB 和 2SB,以及两组隔离开关总控制回路中的紧急停机按钮 SB,是供行程开关 1SQ、2SQ 失灵或其他原因而紧急停机用的。为防止同时按动分闸和合闸按钮引起电动机电源短路,分、合闸控制回路分别用合闸和分闸接触器的动断触点 1KM1 和 1KM2 实现闭锁。

4.分、合闸回路保护

电动机 M 启动后,如因故障发热,则热继电器 FR 动作,其动断触点断开整个控制回路,操作停止。另外,合闸接触器 KM1 和分闸接触器 KM2 的动断触点互相闭锁分、合闸回路,以免操作回路发生混乱。

隔离开关操作之后应有相应的位置指示,来表示隔离开关的合闸或分闸状态。

7.4　中央信号

7.4.1　概述

中央信号装置按复归方法可分为就地复归与中央复归两种。按动作性能可分成能重复动作与不能重复动作两种。在发电厂和大、中型变电所中,由于线路和设备较多,一般采用中央复归能重复动作的中央信号装置。每种中央信号装置都由灯光信号和声响信号两部分组成,灯光信号(包括信号灯和光字牌)是为了便于判断发生故障的设备及故障的性质;声响信号(蜂鸣器或电铃)是为了唤起值班人员的注意。

在发电厂和变电所中,除中央信号装置外,还需装设其他信号装置,如继电保护和自动装置动作信号、断路器与隔离开关的位置信号、主控制室与汽机房或锅炉房之间的指挥信号等。

7.4.2　事故信号

1. 就地复归的事故音响信号

图 7-12 为就地复归的事故音响信号装置接线图。当任何一台断路器发生事故跳闸时,利用断路器与控制开关的位置不对应原理(控制开关在"合闸后"位置时,图 7-12 断路器控制和信号回路中 SA_{1-3} 和 SA_{17-19} 均闭合),使直流负电源与事故音响小母线 WAS 接通,蜂鸣器 HAU 发出音响。为了解除音响,值班人员需查找指示灯闪光或指示灯由红灯突然变为绿灯(当未接闪光装置时)的断路器控制开关,及时将事故跳闸断路器的控制开关手柄扳到与"跳闸后"相对应的位置上,随即闪光消失、音响信号也就立即被解除。

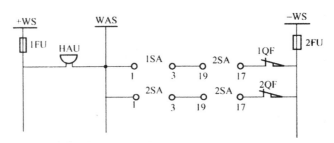

图 7-12 就地复归的事故音响信号装置接线图

2.中央复归不能重复动作的事故声响信号装置

图 7-13 为中央复归不能重复动作的事故声响信号装置接线图。它由中间继电器 KM、蜂鸣器 HA 和试验按钮 SB1、解除按钮 SB2 组成。当任一台断路器自动跳闸时,通过控制开关 SA 和断路器 QF 的不对应回路起动蜂鸣器 HA,发出事故声响信号。值班人员听到声响后,按一下声响解除按钮 SB2,中间继电器 KM 动作,其常开触点 KM_{3-4} 闭合实现自保持;同时其常闭触点 KM_{1-2} 将蜂鸣器回路切断,使声响立即解除。这种接线的缺点是不能重复动作,即第一次声响信号发出后,值班人员利用按钮 SB2 将声响解除,而不对应回路尚未复归前,此时如果又有第二台断路器事故跳闸,事故声响信号就不能再次启动,因而第二台断路器的跳闸信号可能不会被值班人员发现。因此,这种接线只适用于断路器数量较少的发电厂和变电所内。

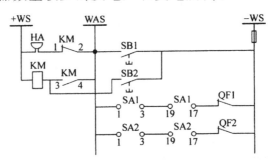

图 7-13 中央复归不能重复动作的事故声响信号装置接线图

3.中央复归能重复动作的事故声响信号装置

中央复归能重复动作的事故声响信号装置,目前在大、中型发电厂和变电所中被广泛采用。信号装置的重复动作是利用冲击继电器（信号脉冲继电器）来实现的。冲击继电器有各种不同的型号，但共同点都是有一个脉冲变流器和相应的执行元件。图 7-14 所示为中央复归能重复动作的事故声响信号装置接线图，图中 TA 为脉冲变流器，KR 为干簧继电器，用作执行元件。

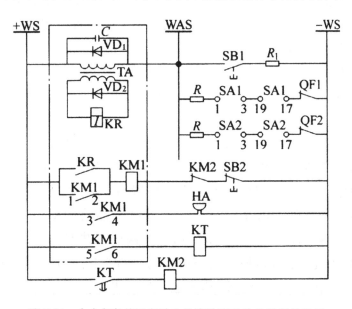

图 7-14　中央复归能重复动作的事故声响信号装置接线图

当第一台断路器事故跳闸时，事故声响小母线 WAS 和负信号电源小母线－WS 之间的不对应回路接通，脉冲变流器 TA 的一次侧有电流流过。由于此电流是由零值突变到一定数值的，所以在二次侧就会感应出脉冲电流，使执行元件 KR 动作。KR 动作后，其常开触点闭合，启动中间继电器 KM1，触点 $KM1_{1-2}$ 闭合实现自保持；触点 $KM1_{3-4}$ 闭合启动蜂鸣器 HA，发出声响；触点 $KM1_{5-6}$ 闭合启动时间继电器 KT。时间继电器 KT 经整定的时限后，其延时触点闭合，又启动了中间继电器 KM2，KM2 的常闭触点切断了中间继电器 KM1 的线圈回路，使其返回，于是声响立即停止，整套信号装置复归至原来的状态。当第一次发出的声响信号已被解除，而不对应回路尚未复归前，此时在 WAS 和－WS 之间是经一个电阻 R 相连接，故在脉冲变流器 TA 的一次侧有一个稳定的电流流过,而稳定电流不会在脉冲变流器二次侧就会感应出电动势,故冲击继电器不会动作。

7.4.3 预告信号

预告信号是当电气设备发生故障或出现某些不正常运行状况时,能自动发出音响(警铃)和灯光信号的装置。电气设备发生故障或不正常运行时,有的要求瞬时发信号,例如熔断器熔断,必须立即发出信号,要求及时处理。但也有些异常工作情况,如出现短时过负荷时,允许延迟一段时间发信号,所以预告信号可以分为瞬时预告和延时预告两种。

图 7-15 所示为采用 ZC-23 型冲击继电器构成的中央复归能重复动作的瞬时预告信号装置接线图。利用冲击继电器来实现重复动作,其工作原理与事故信号装置有相似之处,主要不同之处是利用光字牌灯泡来替代事故信号脉冲回路中的电阻,用警铃代替蜂鸣器。图中 1WFS 和 2WFS 为瞬时预告信号小母线,1HL 和 2HL 为光字牌,转换开关 SA 平时处在"工作"位置,相应的触点 SA_{13-14} 和 SA_{15-16} 接通,其余触点均断开。

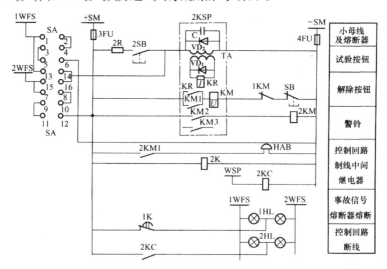

图 7-15 采用 ZC-23 型冲击继电器构成的中央复归能重复动作的瞬时预告信号装置接线图

7.5　发电厂变电所的操作电源

7.5.1　概述

操作电源分为直流和交流两大类,以直流为主。直流操作电源有蓄电池供电和硅整流直流电源供电两种;交流操作电源有电压互感器、电流互感器供电和所用电变压器供电两种。重要用户或变压器总容量超过 5000kV·A 的变电所,宜选用直流操作电源;小型配电所中断路器采用弹簧储能合闸和去分流跳闸的全交流操作方式时,宜选用交流操作电源。

7.5.2　直流操作电源

用户变电所的直流操作电源多采用单母线接线方式,并设有一组储能蓄电池,如图 7-16 所示。在交流电源正常时,整流装置通过直流母线向直流负荷供电,同时向蓄电池浮充电;当交流电源故障消失时,蓄电池通过直流母线向直流负荷供电。

整流装置的交流电源来自于变电所所用变压器。变电所一般应装设两台所用变压器,但在下列情况下,可以只设一台所用变压器:

①可以由本变电所外部引入一回路可靠的 380V 备用电源时。

②变电所只有一回路电源和一台主变压器时,可在进线断路器前装设一台所用变压器。

③设有蓄电池储能电源时。

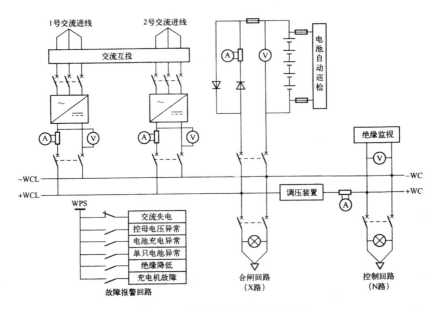

图 7-16 单母线直流系统接线图

1. 由蓄电池供电的直流操作电源

采用铅酸蓄电池组时,单个铅酸蓄电池的额定电压是 2V,充电后可达 2.7V,放电后可降为 1.95V。为满足 220V 的直流操作电压,一般需要蓄电池 230/1.95≈118 个,考虑到充电后的端电压升高,长期接入直流母线的蓄电池个数为 230/2.7≈88 个,因而其他 30 个蓄电池就用于直流母线的电压调节,接于专门的调节开关上。

采用镉镍蓄电池组时,单个镉镍蓄电池的额定电压是 1.2V,充电后可达 1.75V。镉镍蓄电池具有体积小、寿命长、维护方便和无腐蚀气体等优点,但其事故放电电流较小,因此适用于中、小型发电厂和 110kV 以下的变电站。

蓄电池的运行方式有两种:充电—放电运行和浮充电运行。充电—放电运行方式的主要缺点是充电频繁,维护复杂,老化快,使用寿命短。浮充电运行方式提高了直流系统供电的可靠性,又大大减少深度充放电次数,提高蓄电池的使用寿命,得到了广泛应用。

2.由整流器供电的直流操作电源

硅整流型直流操作电源主要有硅整流电容储能式和复式整流两种。

(1)硅整流电容储能式直流操作电源

如果单独采用硅整流器作为直流操作电源,当一次系统故障引起交流电压降低或完全消失时,将严重影响直流系统的正常工作。为此,可采用硅整流配合电容储能装置的直流操作电源,如图7-17所示。两组硅整流装置之间用限流电阻 R 和逆止元件 VD_3 隔开,使直流合闸母线仅能向控制母线供电,而不允许反向供电。电阻 R 用来限制控制系统短路时流过 VD_3 的电流,保护 VD_3 不被烧坏。整流电路一般采用三相桥式整流。

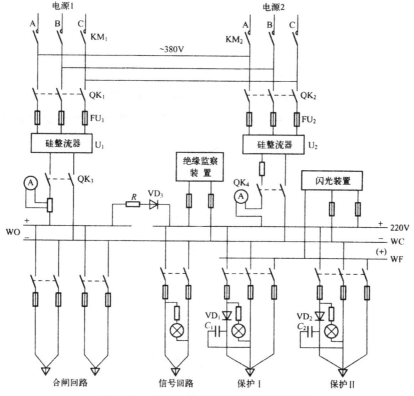

图 7-17 硅整流电容储能直流系统原理图

WO—合闸小母线;WC—控制小母线;WF—闪光小母线;C_1、C_2—储能电容器

在直流母线上还接有直流绝缘监察装置和闪光装置。闪光装置提供闪光电源。其工作原理图如图 7-18 所示,正常工作时,闪光小母线(＋WF)不带电,当系统或二次回路发生故障时,继电器 K_1 动作(其线圈在其他回路中),使信号灯 HL 接于闪光小母线(＋WF)上。闪光装置工作,利用与继电器 K 并联的电容器 C 的充放电,使继电器交替动作和释放,从而闪光小母线(＋WF)电压交替升高和降低,信号灯发出闪光信号。

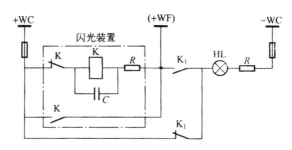

图 7-18　闪光装置工作原理示意图

(2)复式整流装置

复式整流装置提供直流操作电压的整流器电源有两个:一个是电压源,另一个是电流源。图 7-19 所示为复式整流装置接线示意图。

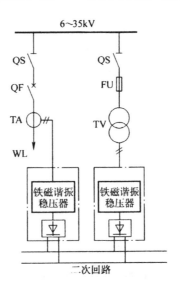

图 7-19　复式整流装置接线示意图

7.5.3　交流操作电源

目前普遍采用的交流操作继电保护接线方式有以下两种：

①直接动作式。图 7-20 所示为直接动作式保护接线图，其特点是利用操作机构内的过电流脱扣器（跳闸线圈）YR 直接动作于跳闸，不需另外装设继电器，设备少，接线简单，但保护灵敏度低，实际上很少采用。

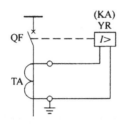

图 7-20　直接动作式保护接线图

②利用继电器常闭触点去分流跳闸线圈方式。图 7-21 所示为去分流跳闸方式保护接线图，正常运行时，电流继电器 KA 的常闭触点将跳闸线圈 YR 短接，断路器 QF 不会跳闸。当一次电路发生短路时，继电器动作，其常闭触点断开，于是电流互感器的二次侧短路电流全部流入跳闸线圈而使断路器跳闸。这种接线方式简单、经济，由于采用了电流继电器作为启动元件，提高了保护灵敏度，在工厂供配电系统应用广泛，但要求继电器触点的容量足够大才行。

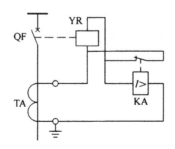

图 7-21　去分流跳闸方式保护接线图

由于交流操作电源取自于供电系统电压，当供电系统故障时,交流操作电源电压降低或消失,因此,交流操作电源的可靠性较低。

7.5.4 所用变压器及其供电系统

变电所的用电由专门的变压器提供,称为所用变压器,简称所用变。图 7-22 所示为所用变压器接线位置及供电系统示意图。一般的变电所设置一台所用变压器,重要的变电所应设置两台互为备用的所用变压器。所用变压器一般置于高压开关柜中。高压侧一般分别接在 6～35kV 的 I、II 段母线上,低压侧用单母线分段接线或单母线不分段接线。

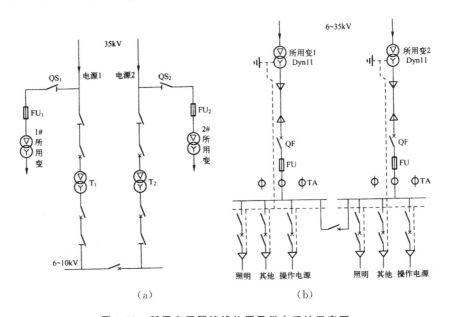

(a)   (b)

图 7-22 所用变压器接线位置及供电系统示意图

(a)所用变压器接线装置;(b)所用电供电系统

第8章 电力系统自动化技术

现代电力系统分布地域广阔,网络结构复杂,运行设备众多。为了保证系统的安全、稳定和经济运行,必须对电力系统进行自动监视和调度控制,形成了电力系统自动化。电力系统自动化是一门综合性技术,是在电力系统运行理论、计算机技术、现代控制理论、通信和网络技术等基础上发展起来的。

8.1 电力系统自动化概述

电力系统自动化是保证电力系统安全、优质、经济运行的综合性技术,是自动控制技术、信息技术在电力系统中的应用。为适应电力系统的特点和满足其基本要求,对电力系统自动化提出了很高的要求。现代电力系统自动化是信息技术、计算机技术及自动控制技术在电力系统中的应用,针对电力系统发电、输电、变电、配电、用电等五个有机联系的环节分别有相对应的自动化系统和自动装置进行监视和控制。结合电力系统运行的特点,按照其他复杂系统控制的一般规律,电力系统自动化也是分层实现的。在现阶段,电力系统自动化的主要内容大致可以划分为电力系统调度自动化、电力系统自动控制装置、配电网自动化、变电站自动化几个方面。

8.2 电力系统调度自动化

电力系统调度是电力系统生产运行的重要指挥部门,并通过电网调度自动化系统来实现。电网调度自动化系统连接发电、输电、变电环节,将发电厂和变电站的远方终端采集到的电网运行的实时信息,通过信道传输到调度中心的主站系统,主站系统可以通过远方终端对输电网进行数据采集和实行远程控制,根据收集到的全网信息进行分析,实施电网能量管理系统的功能,对电网的运行状态进行状态估计、安全性分析与控制、负荷预测以及自动发电控制、经济调度控制、调度员模拟培训等。

8.2.1 电力系统运行状态

电力系统的运行状态一般有正常运行状态、警戒状态、紧急状态、崩溃状态和恢复状态 5 种状态。图 8-1 所示为电力系统的运行状态及其相应的转换关系。

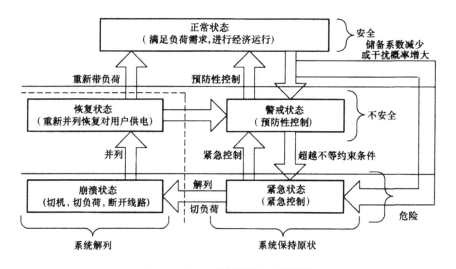

图 8-1 电力系统运行状态示意图

1.正常运行状态

在正常运行状态下,电力系统对每时每刻不大的负荷变化反应可以认为是电力系统从一个正常状态连续变化到另一个正常状态,变化的主要目的是使发电的功率与负荷(包括线损)的需要相适应;同时,还应在保证安全的条件下,实现电力系统的经济运行。电力系统运行的目的是尽量维持正常运行状态。

2. 警戒状态

当发电机功率降低（由负荷增加、运行环境恶化、外界条件变化等因素引起）、输电线或变压器意外断开、负荷分配不均、自然灾害或人为破坏等因素的影响，使电力系统中的某些电气设备的备用容量减少到使电力系统的安全水平不能承受正常干扰的程度时，电力系统就进入了警戒状态。

3. 紧急状态

电力系统处于正常状态或警戒状态时，当所受外界干扰较为严重时，系统的某些约束条件将会遭到破坏，系统可能进入紧急状态。

电力系统处于紧急状态时就意味着系统处于危险之中。此时，应立即采取相应的措施使系统恢复到正常状态或者警戒状态。

4. 崩溃状态

紧急状态时若没有采取有效措施来控制系统，系统就可能失去稳定。此时，系统中的自动解列装置可能动作，将部分次要供电用户予以剔除，造成停电，更有甚者，造成系统崩溃。

5. 恢复状态

系统崩溃后，通过系统中具有自启动能力的发电机自启动，将大面积停电的系统逐渐恢复。此时，有一部分子系统已经能够维持运行，若干设备接近重启，仍接在系统中的设备，相应的启动条件已满足。

8.2.2　电力调度自动化系统的结构

现代调度自动化系统由计算机（信息采集处理与控制）子系

统、人机联系子系统、信息采集与命令执行子系统和通信(信息传输)子系统组成,如图 8-2 所示。

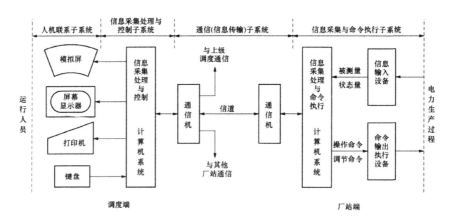

图 8-2　调度自动化系统的基本结构框图

(1)信息采集处理与控制子系统

信息采集处理与控制子系统是整个调度自动化系统的核心。它对采集到的信息进行处理、加工,把结果通过人机联系子系统展现给调度人员或通过执行子系统直接进行远方控制、调节操作。计算机子系统由调度中心的计算机硬件和软件系统组成。

(2)人机联系子系统

该子系统完成显示、人机交互、记录和报警等任务。其主要设备有彩色屏幕显示器、动态模拟屏、打印机、记录仪表和拷贝机以及音响报警器等。

(3)信息处理子系统

信息处理子系统是调度自动化系统的核心,以计算机为其主要组成部分。它主要完成实时信息处理、离线分析、电能质量的分析计算、经济调度计算、运行状态安全性的分析和校正等功能。

(4)通信(信息传输)子系统

调度中心的计算机系统和厂(站)RTU 之间的信息传递以及各级调度中心计算机系统之间的信息传递都要借助于通信系统。通信系统的媒介有微波、电力线载波、专用通信电缆、特高频无线、卫星和光纤等。调度自动化要求通信子系统提供一定质量和带宽的通信,一般误码率应不大于 10^{-5}。对重要的 RTU 通信和计算机间通信应具备备用通道,调度端与厂(站)端通道的连接方式有点到点、共线、数据集中和转发、环形等。

8.3　电力系统典型自动控制装置

电力系统典型自动控制装置包括在电力系统正常运行时同步发电机的自动并列操作装置,以及事故情况下的电力系统自动按频率减负荷、水轮发电机机组低频自启动和自动解列等装置的基本原理和构成。

8.3.1　同步发电机的自动并列装置

将同步发电机投入电网并列运行的操作称为并列操作,是将发电机与系统连接的断路器闭合,使两个分开的系统并联运行的操作。同步发电机并列操作有两种方式,一是自同期并列操作,二是准同期并列操作。

1. 自同期并列

自同期并列,是将未加励磁电流但接近同步转速且机组加速度小于允许值的发电机,通过断路器合闸并入系统,随之投入发电机励磁,在原动机转矩、同步力矩的作用下将发电机拉入同步,完成并列操作。这种并列方式具有操作简单和并列时间短的优点,但在并列时会产生较大的冲击电流,同时会从系统吸收无功而造成系统的电压下降。

结合图 8-3 所示的自同期并列简图来分析说明。开机前发电机断路器 QF 断开,灭磁开关 K_E 断开励磁电源 U_E,并将发电机转子绕组通过自同期电阻 R_Z 短路。开启机组,将机组驱动到接近额定转速(转速差一般控制在额定转速的 5% 以内)时自动闭合发电机断路器 QF,由 QF 的辅助触点联动灭磁开关 K_E,断开 R_Z,

接通励磁电源 U_E，给发电机转子绕组加励磁电流。这样，发电机组将在电动势增加、冲击电流减小的过程中被系统拉入同步。

自同期并列的优点是操作简单，并列迅速，易于实现自动化。

图 8-3　自同期并列简图

(a)电路图；(b)接线图

由于自同期并列合闸时发电机尚无励磁，所以在断路器闭合的瞬间相当于电力系统通过发电机定子绕组三相短路，冲击电流的周期分量

$$I'' = \frac{U_S}{X''_d + X_S} X''_d$$

式中，U_S 为系统电压；X_S 为系统等值电抗；X''_d 为发电机纵轴次暂态电抗。

而自同期时发电机端电压为

$$U_G = \frac{U_S}{X''_d + X_S} X''_d$$

上两式表明，同步发电机自同期并列的缺点是冲击电流大，会在自同期并列的机组附近造成电压瞬时下降，对电力系统扰动大。

综上所述，自同期并列只在电力系统事故、频率降低时紧急开机使用，例如水轮发电机组低压自启动。需要指出的是，由于自动化水平的提高和机组容量的增大，现在，在我国自同期方式并列已很少采用了。

2. 准同期并列

准同期并列，是在同步发电机投入调速器和励磁装置的条件下，当发电机电压的幅值、频率和相位分别与并列点系统侧电压

260

的幅值、频率和相位接近相等时,通过并列点断路器合闸将发电机并入系统。其优点是并列时的冲击电流小,对发电机和系统不会带来冲击。缺点是在并列操作过程中需要对发电机电压和频率进行调整,捕捉合适的合闸相位点,所需并列时间较长。这种操作可以由自动准同期装置来完成,某些情况下也可由运行人员来完成。

(1)准同期并列装置的操控信号

准同期并列是在同步发电机已投入调速器和励磁装置,当发电机电压的幅值、频率和相位接近相等时,通过并列点的断路器合闸将发电机投入系统。因此,准同期并列装置控制发电机的电压幅值差、频率差和相角差,结合图 8-4 所示的同步发电机同期并列简图来分析。

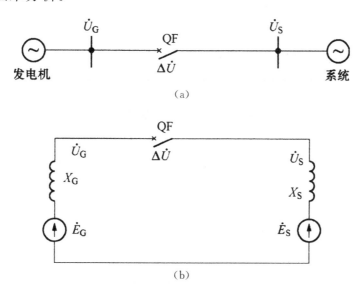

图 8-4　同步发电机同期并列简图

(a)电路示意图;(b)等值电路图

发电机与系统并列之前,断路器 QF 主触头两侧的电压$\dot{U}_{G}$、$\dot{U}_{S}$ 和并列断路器两侧间的电压幅值差 $\Delta \dot{U}$ 的相量关系如图 8-5 所示。$\Delta \dot{U}$的瞬时值表述式为

$$\Delta u = U_{Gm}\sin(\omega_{G}t + \varphi_{0G}) - U_{Sm}\sin(\omega_{S}t + \varphi_{0S})$$

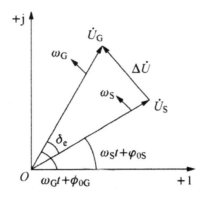

图 8-5 $\dot{U}_G$、$\dot{U}_S$ 和 $\Delta\dot{U}$ 的相量图

Δu 为正弦脉动波,称为正弦脉动电压。显然,Δu 的最大幅值出现在 $\dot{U}_G$ 与 $\dot{U}_S$ 反相位时刻,即相位差 $\delta_e=\pi$ 时,其值为 $\Delta u_{max}=U_{Gm}+U_{Sm}$;$\Delta u$ 的最小幅值出现在 $\dot{U}_G$ 与 $\dot{U}_S$ 同相位,即 $\delta_e=0$ 时,其值为 $\Delta u_{min}=|U_{Gm}-U_{Sm}|$。利用三角余弦定理可求得相位差为 δ_e 时正弦脉动电压的幅值为

$$U_e=\sqrt{U_{Gm}^2+U_{Sm}^2-2U_{Gm}U_{Sm}\cos\delta_e}$$

设初相角 $\varphi_{0G}=\varphi_{0S}=0$,$\dot{U}_G$ 与 $\dot{U}_S$ 在 $t=0$ 时重合,则当 $U_{Gm}=U_{Sm}$ 时,有

$$\Delta u=2U_{Gm}\sin\left(\frac{\omega_G-\omega_S}{2}t\right)\cos\left(\frac{\omega_G+\omega_S}{2}t\right)=U_e\cos\left(\frac{\omega_G+\omega_S}{2}t\right)$$

$$(8\text{-}3\text{-}1)$$

由式(8-3-1)可知,Δu 是幅值为 U_e、频率接近工频的变幅交流波形。

$$U_e=2U_{Gm}\sin\left(\frac{\omega_G-\omega_S}{2}t\right)=2U_{Gm}\sin\frac{\omega_e t}{2}=2U_{Gm}\sin\frac{\delta_e}{2}$$

$$(8\text{-}3\text{-}2)$$

由式(8-3-2)可知,U_e 是一缓变交流量,其最大幅值为 $2U_{Gm}$,最小值为 0,脉动周期为 $\frac{2\pi}{\omega_e}$。不难看出其脉动周期即为滑差周期 T_e。

（2）脉动电压

图 8-6 所示为幅值变化的脉动电压波形，它给出了正弦脉动电压 Δu 的波形，可看出电压波形的幅值变化。

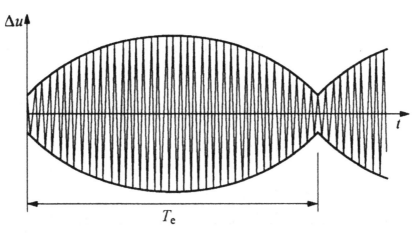

图 8-6　幅值变化的脉动电压波形

图 8-7 所示为正弦整步电压（$\omega_{e1} > \omega_{e2}$），它给出的是 Δu 经桥式整流和滤波后获得的脉动电压，通常称 U_e 为正弦整步电压。

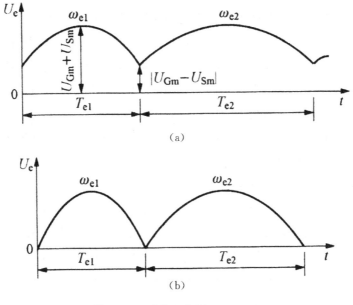

（a）

（b）

图 8-7　正弦整步电压（$\omega_{e1} > \omega_{e2}$）

（a）$U_G \neq U_S$；（b）$U_G = U_S$

不难看出,正弦整步电压具有如下特点:

①若 $\dot{U}_G$ 与 $\dot{U}_S$ 的幅值相等,则 $U_{emin} = 0$,否则, $U_{emin} = |U_{Gm} - U_{Sm}| \neq 0$;

② $\delta_e = 0(2\pi)$ 时, $U_e = U_{emin}$;

③相邻两次 U_{emin} 经过的时间为滑差周期 T_e, $T_e = \dfrac{1}{f_e} = \dfrac{2\pi}{\omega_e}$,表明 f_e(或 ω_e)小,否则反之;

④当 $U_G = U_S$ 时, $U_e = 2U_{Gm}\sin\left(\dfrac{\delta_e}{2}\right)$, $\delta_e = 2\sin^{-1}\dfrac{U_e}{2U_{Gm}}$,相角差值 δ_e 与整步电压 U_e 具有对应关系。

以上特点表明,正弦整步电压 U_e 反映出了检查同期并列条件的所有信息,即电压幅值差 ΔU_m、角频率差 ω_e 和相角差 δ_e。因此,准同期并列装置通常将正弦整步电压作为信号电压。

(3)典型自动准同期装置

图 8-8 所示为典型自动准同期装置构成原理图,一般由均频控制单元、均压控制单元、合闸信号控制单元和电源部分构成。在该装置中,系统电压 U_S 和发电机电压 U_G 都需要经过电压互感器 1TV 和 2TV 降压处理,之后才会送入装置中。图中 u_{sa}、u_{sb} 分别与系统 a 相电压 U_{SA}、b 相电压 U_{SB} 同相位; u_{ga} 和 u_{gb} 分别与发电机电压 U_{GA}、U_{GB} 同相位。因为准同期并列需比较发电机电压和系统电压的幅值、相角和频率,为此应有一个公共参考点,在准同期并列系统没有特殊要求时,一般均将 b 相电位作为参考电位,即将两电压互感器二次侧 b 相接地。

(4)电子型自动准同期装置

图 8-9 所示为自动准同期装置构成框图——电子型自动准同期装置的结构框图,由恒定越前时间、同期合闸、均压和均频四个环节构成。现分别对各环节工作原理及各环节之间的关系进行分析。

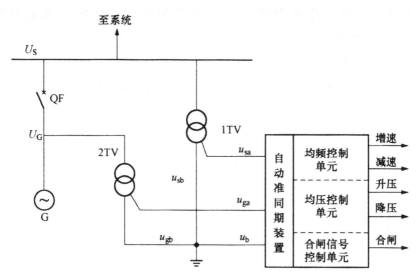

图 8-8 典型自动准同期装置构成原理

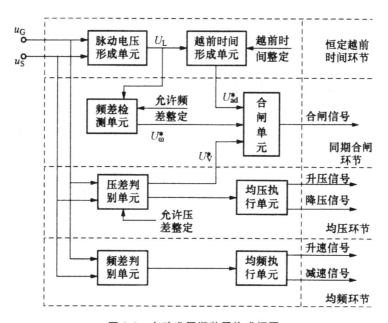

图 8-9 自动准同期装置构成框图

①恒定越前时间环节。由图 8-9 可以看出，输入信号 u_G 和 u_S 首先经过脉动电压形成单元的处理。处理后的信号可形成正弦整步电压或三角形的线性整步电压。整步电压可产生恒定越前时间信号和对频差进行检测决定是否进行频差闭锁。现对线

性整步电压的产生及利用它进行频差闭锁和产生恒定越前时间信号的原理和方法加以分析。

　　将输入的交流电压 u_G 和 u_S 分别整形,获得在交流电压过零点翻转的方波电压 U_G^* 和 U_S^*,再将它们进行信号的逻辑运算,例如,采用异或逻辑运算 $U_A^* = U_G^* \cdot \overline{U_S^*} + \overline{U_G^*} \cdot U_S^*$,获得在一个频差周期 T_e 之内,其宽度反映对应时刻两输入电压相角差 δ_e 的系列脉冲波。经滤波及信号放大之后,即可得三角形的线性整步电压 U_L,图 8-10 所示为线性整步电压形成。

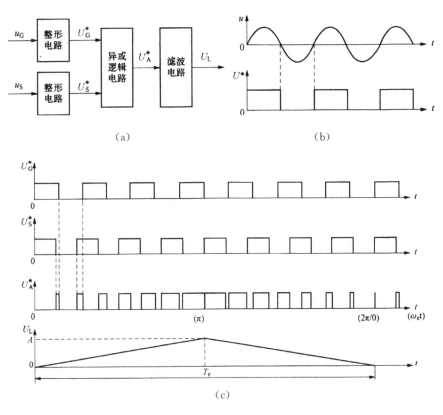

图 8-10　线性整步电压形成

（a）逻辑电路框图；（b）交流电压波形及整形电压波形；（c）异或逻辑运算及整步电压波形

　　若采用同或逻辑运算,可获得如图 8-11 所示的同或逻辑的线性整步电压。

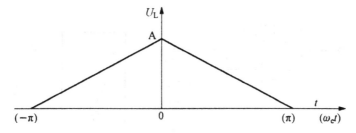

图 8-11　同或逻辑的线性整步电压

设 U_L 的最大值为，在一个频差周期 T_e 中的线性整步电压表达式为

$$U_L = \begin{cases} \dfrac{A}{\pi}(\pi + \omega_e) = \dfrac{A}{\pi}(\pi + \delta_e)\,(t \leqslant 0,\ -\pi \leqslant \delta_e \leqslant 0) \\[3mm] \dfrac{A}{\pi}(\pi - \omega_e) = \dfrac{A}{\pi}(\pi - \delta_e)\,(t \geqslant 0,\ 0 \leqslant \delta_e \leqslant \pi) \end{cases} \quad (8\text{-}3\text{-}3)$$

同或逻辑与异或逻辑运算电路计算线性整步电压在一个频差周期 T_e 内的波形与表达式是不同的，相位相差 π。

采用同或逻辑运算电路的线性整步电压的最大值由电路参数决定，且不受发电机电压和系统电压幅值的影响。此外，线性整步电压的周期 T_e 与 f_e、ω_e 有关，它们之间的关系为 $T_e = \dfrac{1}{f_e} = \dfrac{2\pi}{\omega_e}$。

设 ω_e 不随时间变化，则

$$\frac{\mathrm{d}U_L}{\mathrm{d}t} = \begin{cases} \dfrac{A}{\pi}\omega_e = k\omega_e\,(-\pi \leqslant \delta_e \leqslant 0) \\[3mm] -\left(\dfrac{A}{\pi}\right) = -k\omega_e\,(0 \leqslant \delta_e \leqslant \pi) \end{cases} \quad (8\text{-}3\text{-}4)$$

式中，k 为系数，$k = \dfrac{A}{\pi}$。

根据线性整步电压的特点，可以获取恒定时间，图 8-12 所示为恒定越前时间的获取。图 8-12(a) 所示的为比例＋微分＋电平检测的电路图，采用同或逻辑的线性整步电压，即式(8-3-3)表示的 U_L 为输入信号。将电平检测器的整定电压 U_{act} 与 u_{R_2} 进行比较，即可以进行整定值的连续调节。设 ω_e 不随时间变化。由于在并列时 T_e 较大（ω_e 较小），计算 i_C 时可忽略 R_2 的影响，故有

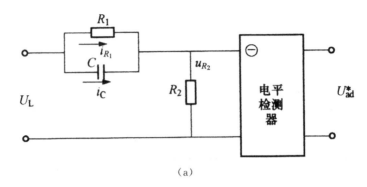

（a）

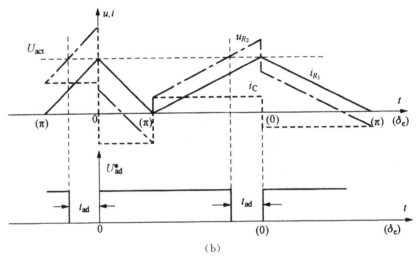

（b）

图 8-12　恒定越前时间的获取

（a）比例＋微分＋电平检测的电路图；（b）两个不同频差周期所对应的 t_{ad} 值波形图

$$i_R = \frac{U_L}{R_1 + R_2}$$

$$i_C = C\frac{dU_L}{dt}$$

$$u_{R_2} = R_2(i_R + i_C)$$

又由于在 $-\pi \leqslant \delta_e \leqslant 0$ 区间，$U_L = \dfrac{A}{\pi}(\pi + \omega_e)$，可得

$$i_R = \frac{A}{R_1 + R_2} + \frac{A\omega_e t}{\pi(R_1 + R_2)}$$

$$i_C = \frac{AC}{\pi}\omega_e$$

$$u_{R_2} = \frac{AR_2}{R_1 + R_2} + \frac{AR_2 \omega_e t}{\pi (R_1 + R_2)} + \frac{AR_2 C}{\pi} \omega_e$$

设电平检测器的整定动作电平为 U_{act}，令 $U_{act} = \dfrac{AR_2}{R_1 + R_2}$，则当 u_{R_2} 电平达到 U_{act} 时，电平检测器输出极性变化。令此时刻的 t 为恒定越前时间 t_{ad}，即当 $u_{R_2} = U_{act}$ 时，有

$$\frac{AR_2}{R_1 + R_2} + \frac{AR_2 \omega_e t}{\pi (R_1 + R_2)} + \frac{AR_2 C}{\pi} \omega_e = \frac{AR_2}{R_1 + R_2}$$

可解得

$$t_{ad} = -(R_1 + R_2)C$$

式中，t_{ad} 表示恒定越前时间；负号代表电平检测器输出极性的变化时刻是在 $\dot{U}_G$ 与 $\dot{U}_S$ 两电压相量重合点之前，其大小只与电路中的 R_1、R_2 和 C 等参数有关，不受频差 ω_e 的影响，因而 t_{ad} 值是恒定的。图 8-12(b)为两个不同频差周期所对应的 t_{ad} 值波形图，可见所获 t_{ad} 是相等的。

②同期合闸环节。本环节由频差闭锁单元和合闸执行单元两部分电路组成。频差闭锁单元实现对角频率差 ω_e（或频差 f_e）与整定允许角频率差 ω_{ey} 的检查比较，输出是否符合频差条件的逻辑信号 U_ω^*。

频差闭锁单元的功能是判断频差条件并输出逻辑信号。由线性整步电压的讨论可知 ω_e 的大小可用 U_L 的微分结果来反映，图 8-13 所示为利用线性整步电压斜率检查频差，电路原理图如图 8-13(a)所示。

令代表角频率差的信号 $U_\omega = \dfrac{\mathrm{d}U_L}{\mathrm{d}t}$，据式（8-3-4）有 $U_\omega = \pm K\omega_e$；代表允许角频率差 ω_{ey} 的整定信号为 $U_{\omega y} = K\omega_{ey}$，比较的结果为

$$U_\omega - U_{\omega y} = \pm K\omega_e - K\omega_{ey} = \begin{cases} K(\omega_e - \omega_{ey}) & (-\pi \leqslant \delta_e \leqslant 0) \\ -K(\omega_e + \omega_{ey}) & (0 \leqslant \delta_e \leqslant \pi) \end{cases}$$

考虑到电路输出电压 $U_{\omega 0}$ 是比较结果的反相。比较结果将如图 8-13(b)波形所示。

在 $0 \leqslant \delta_e \leqslant \pi$ 区间,比较结果信号恒为正值,不能作为检测依据。

在 $-\pi \leqslant \delta_e \leqslant 0$ 区间,比较结果信号若为正值,表明 $\omega_e > \omega_{ey}$,满足要求;若为负值,表明 $\omega_e < \omega_{ey}$,不满足要求,发出频差闭锁信号。若将放大器输出信号以逻辑信号 U_ω^* 表示,则在检查频差有效区间 $-\pi \leqslant \delta_e \leqslant 0$ 的检查结果可表示为

$$U_\omega^* = \begin{cases} 1 & \text{合格} \\ 0 & \text{不合格} \end{cases}$$

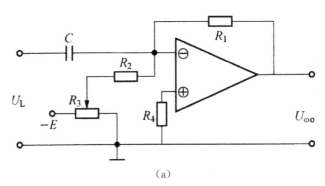

(a)

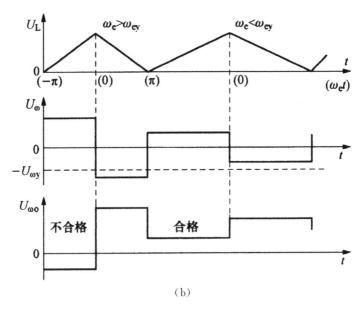

(b)

图 8-13　利用线性整步电压斜率检查频差

(a)电路原理图;(b)波形图

合闸执行单元功能是对准同期并列三个条件进行综合判断，若同时满足三个条件，则输出合闸信号，图 8-14 所示为合闸执行单元功能框图。

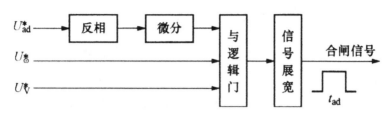

图 8-14 合闸执行单元功能框图

三个条件的检测结果如下：

$U_{ad}^* = 0$，在 $-\pi \leqslant \delta_e \leqslant 0$ 区间，其下跳沿时刻代表恒定越前时间 t_{ad} 的逻辑信号；

$U_V^* = 1$，代表压差检查合格的逻辑信号；

$U_\omega^* = 1$，在 $-\pi \leqslant \delta_e \leqslant 0$ 区间，代表频差检查合格的逻辑信号。

U_V^* 和 U_ω^* 只有在恒定越前时间信号的下跳沿对应时刻都合格时合闸执行单元才发出合闸信号。

③均压环节。均压环节的功能是完成对（电）压差是否满足允许值的检查。若不满足，则判别出发电机电压高于还是低于系统电压，并发出降压或升压的调节信号。可根据如下数学模型进行实现。

$$\left| |U_G| - |U_S| \right| - \Delta U_y = \begin{cases} > 0 & U_V^* = 0 \\ \leqslant 0 & U_V^* = 1 \end{cases}$$

$$|U_G| - |U_S| - \Delta U_y > 0 \quad \text{发电机降压}$$

$$|U_S| - |U_G| - \Delta U_y < 0 \quad \text{发电机升压}$$

式中，ΔU_y 为整定的允许电压差值；U_V^* 表示压差条件的逻辑变量。

压差判别之后的调压信号经均压执行单元输出与励磁调节器相适应的调压信号；压差检测的结果信号 U_V^* 作为准同期条件之一进入合闸环节。

④均频环节。本环节由频差判别和均频执行两个单元组成，主要完成对频差方向的判别以及大小的检查，在频差不满足要求时发出调速信号。

$$|f_S - f_G| - f_{ey} = \begin{cases} >0 & U_\omega^* = 0 \\ \leqslant 0 & U_\omega^* = 1 \end{cases}$$

$$(f_G - f_S) - f_{ey} > 0 \quad U_\omega^* = 0，机组减速$$

$$(f_S - f_G) - f_{ey} > 0 \quad U_\omega^* = 0，机组升速$$

式中，f_{ey} 为整定的允许频差值；U_ω^* 表示频差条件的逻辑变量。

8.3.2 其他安全自动控制装置

1. 自动低频减负荷装置

电力系统的频率是有功功率平衡状况的标志，维持功率平衡问题可归结为维持额定频率问题。电能有两个主要的质量指标——电压和频率。频率的下降对系统（特别是火电厂）有着较大威胁，频率下降幅度超过 1Hz 后，将会产生严重的危害，如引起发电机转速下降，电动势降低，系统中发电机组、变压器以及大量火电厂用电机械设备效率降低，损耗增大，增加了设备维护工作量甚至影响其使用寿命，并可能导致电力系统工作的全面混乱。为了防止事故扩大，应尽快地使用各电站拥有的有功功率储备容量，当储备容量不足时，则需要借助专门的装置——自动低频减负荷装置来实现电网频率下降时断开部分次要用户的连接，使系统的频率保持在事故允许的限额内。

目前，我国应用广泛的有数字式按频率自动减负荷装置和微机型按频率自动减负荷装置，这两类装置测频原理类似，只是实现方式不同。下面以微机型按频率自动减负荷装置为例介绍装置的基本工作原理。

图 8-15 为微机型按频率减载装置的原理框图，由 MCS51 系列单片机及外围电路、检测电路、出口电路、整定值输入电路等组成。

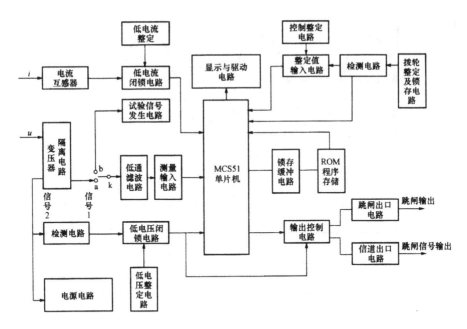

图 8-15　微机型按频率减载装置的原理框图

　　输入交流电压 u_i 经变压器隔离降压后,其中一路经低通滤波、测量输入电路(包括方波形成和二分频电路)后到单片机中,此时的交流信号经过方波整形处理之后频率相同,如图 8-16(a)、(b)所示。为防止过零干扰,采用了一定的门槛电压。整形后的方波信号经二分频电路形成单片机的外部中断信号,如图 8-16(c)所示。在图 8-16 中,方波上升沿 t_0 时刻单片机内部计数器开始计数,方波下降沿 t_1 时刻结束计数并申请中断,从 t_0 到 t_1 时刻计数器所需时间即为输入交流电压信号的周期值 T,根据 $f=1/T$,单片机计算出频率 f 值,然后对 f 值进行中值滤波后与正常监视频率、闭锁频率和整定跳闸输出频率进行比较。与此同时,由单片机计算出 df/dt 值与 df/dt 闭锁整定值和 df/dt 跳闸输出整定值进行比较,以上比较结果由单片机的输出发出输出控制信号的显示信号。同时机内时钟开始计数,随时可根据面板开关设置显示时钟时、分时间。

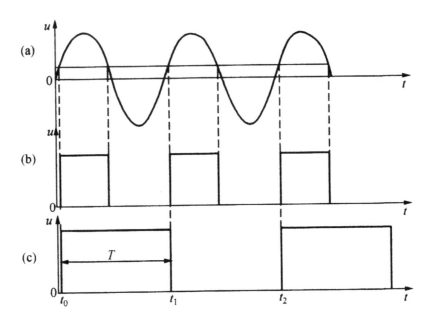

图 8-16　测量输入电路波形图

　　输入交流电流 i_i 经电流互感器隔离,其二次侧接入低电流闭锁电路,该电路由运算放大器电路和门电路组成,根据需要可实现各跳闸输出级的分别闭锁。

　　2. 自动解列装置

　　自动解列装置是一种反映电力系统稳定性受到威胁和遭破坏的紧急情况下动作,在预定解列点将系统解列,防止系统崩溃,提高系统运行安全性的自动装置。当电力系统发生稳定破坏或接近静稳定极限时,靠装设在系统解列点的自动解列装置检测出系统的运行方式和事故情况,或者受远方控制,在合适的位置迅速地将系统解列为功率尽可能平衡的两个或几个独立运行的系统。

　　3. 电力系统安全稳定控制装置

　　近年来,由于微电子技术、计算机技术、通信技术及检测技术的发展,针对现代电力系统对安全稳定运行要求的提高,发展了功能齐全、配置灵活和高可靠性的电力系统安全稳定控制装置。

电力系统安全稳定控制装置按控制体系可分为就地分散式、分布式、分层分布式、集中式几类。目前采用全系统的分层分布式和集中式仍有较大的难度,主要是由于全系统巨大的数据信息量的传输收集以及对复杂系统的分析(静态安全分析和动态安全分析)计算费时较长,不能满足针对全系统运行状态的实时监控。世界各国均在致力于这方面的研究与实现,其关键是计算机硬件系统、软件系统、数据采集和高速通信系统等,其中计算机对庞大数据的实时处理能力是至关重要的,而并行处理技术的采用是解决此问题的主要途径。

目前,就地分散于厂、站或由几个就地分散式组成的简单分布式系统,技术较成熟,已积累了较丰富的运行经验。图 8-17 为电力系统安全稳定控制装置功能框图。

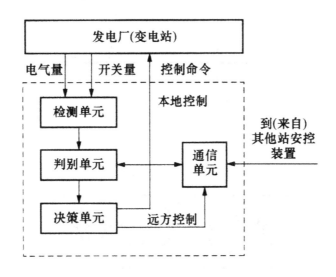

图 8-17　电力系统安全稳定控制装置功能框图

4.备用电源自动投入装置

随着国民经济的迅猛发展、科学技术的不断提高及家用电器迅速走向千家万户,一旦电力系统电源因各种故障被断开,就会造成大面积停电,严重影响人们的生产生活。备用电源自动投入装置是在系统电源断开时,迅速使备用电源自动投入电力系统中,保证系统供电的一种自动控制装置。

备用电源的配置一般有明备用和暗备用两种基本方式。系统正常时,备用电源不工作者,称为明备用,如图 8-18 所示;系统正常运行时,备用电源也投入运行的,称为暗备用,如图 8-19 所示。暗备用实际上是两个工作电源互为备用。图中,TV 为电压互感器,BZT 为备用电源自动投入(自投)装置。

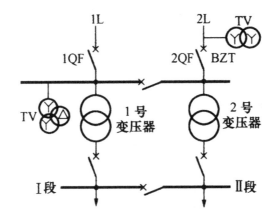

图 8-18　备用电源的明备用

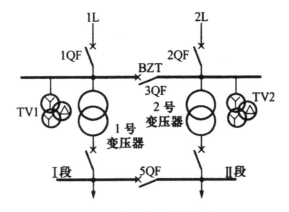

图 8-19　备用电源的暗备用

8.4　配电网自动化

配电及配电网是电力系统中的一个生产环节,配电自动化是电力系统自动化的一部分。电力系统通过配电网络直接向客户供电。通常把电力系统中二次降压变电站低压侧直接或降压后向客户供电的网络,称为配电网(Distribution Network),图8-20所示为配电网的构成。它由架空线或电缆配电线路、配电所或柱上降压变压器直接接入客户构成。习惯上将低于 1kV 的配电电压称为低压,具体指单相 220V 和三相 380V;35kV 及以下则称为中压,具体指电压为 35kV、10kV 电压等级;110kV 则称为高压。这里介绍的配电系统主要指 10kV 电压级的线路和设备构成的电网。

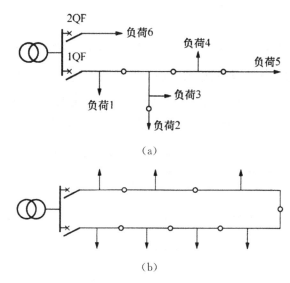

图 8-20　配电网的构成

(a)辐射网;(b)环式网

8.4.1　配电自动化系统的组成

配电自动化系统(Distribution Automation System,DAS)是

配电管理系统(Distribution Management System,DMS)中最重要的部分,是一种可以使配电企业在远方以实时方式监视、协调和操作配电设备的自动化系统。其内容包括配电网数据采集和监控(SCADA)、配电地理信息系统(GIS)、工作管理系统(Work Management System,WMS)和需方管理(Demand Side Management,DSM)等。DAS 是和输电网的调度自动化系统(SCADA)处于同一层次的,配电自动化系统和配电管理系统的涵盖关系如图 8-21 所示。

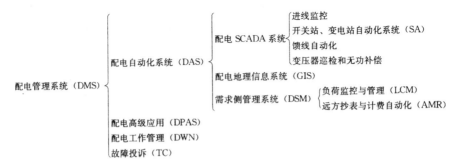

图 8-21 配电自动化系统和配电管理系统的涵盖关系

从图 8-21 中可以看出,配电自动化系统是配电管理系统的最主要内容。其内容包括配电 SCADA 系统、配电地理信息系统(GIS)和需求侧管理系统(DSM)等几个部分。其功能组成关系见表 8-1。

表 8-1 配电自动化系统功能组成

配电自动化	配电 SCADA 系统	进线监控
		10kV 开闭所、配电变电站自动化
		馈线自动化
		变压器巡检与无功补偿
	需求侧管理系统(DSM)	负荷监控与管理
		远方抄表与计费自动化
	配电地理信息系统(GIS)	设备管理
		客户信息系统
		人机界面功能
		停电管理系统

8.4.2 馈线自动化技术

馈线自动化(Feeder Automation,FA)是配电网自动化中的一项重要功能。在一定意义上可以说配电网自动化指的就是馈线自动化。不管是国内还是国外,在实施配电网自动化时,都是从实施馈线自动化开始的。通过实施馈线自动化,使馈线在运行中发生故障时,能自动进行故障定位,实施故障隔离和对非故障段线路及早恢复供电,以提高供电可靠性。

1. 配电自动化的功能

馈线自动化的主要功能分为四个方面:一是配电线路负荷监测,一般由安装在户外线路上,用于柱上开关、环网柜等设备的监视及控制的馈线远方终端(FTU)进行监测;二是实时调整、变更配电系统的运行方式;三是配电线路故障时,将故障区段隔离,减少停电区域和停电持续时间;四是控制功能,又分为远方控制和就地控制,这与配电网中可控设备(主要是开关设备)的功能有关。如果开关设备是重合器、分段器和重合分段器,它们的分闸与合闸是由这些设备被设定的自身功能所控制,这称为就地控制。

2. 柱上馈线自动化

柱上馈线自动化一次设备分为重合器与分段器两种,其构成如图 8-22 所示,具有故障检测与识别功能、测量与控制功能、计量功能、通信功能和维护功能。

(1)重合器

重合器是一种自身具有控制和保护功能的智能化开关设备,它的智能化程度与开合电路的性能优于断路器。它能检测故障电流和按预先整定的分合操作次数自动完成分合操作,并在动作后能自动复位或闭锁,能在给定的时间内切断故障电流。

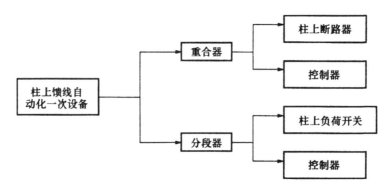

图 8-22　柱上馈线自动化设备构成

重合器的故障开断均采用反时限特性,以便与熔断器的安秒特性相配合。

重合器按相数分为单相、三相。按灭弧介质分为油、SF$_6$、真空;按控制方式可分为电子控制和液压控制。

图 8-23 中所示为重合器控制器。现代的重合器控制器无疑将选用微机式,且由于高速单片微机、EPLD 技术、DSP 技术的成熟,重合器控制器可以完全满足配电自动化的要求。需要解决的问题是温度特性($-40℃\sim+80℃$)、电池寿命(10 年)、抗强电磁干扰的能力。

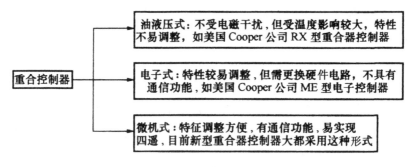

图 8-23　重合器控制器

(2)分段器

分段器是配电网提高可靠性和自动化程度的又一重要设备,它广泛地应用在配电网线路的分支线或区段线路上,用来隔离永久性故障。

分段器是 10kV 配电系统中用来自动隔离故障区段的开关设备,适合户外柱上安装。分段器可开断负荷,但不能开断短路电流,通常必须与重合器或断路器配合使用,不单独作为主保护开关设备。

分段器的目的是隔开故障段,减少停电的范围。分段器具有灭弧功能,可以切断负荷电流。分段器与重合器相比,从性能上,应具有闭合短路电流及切断负荷电流的能力,不具备切断短路电流的能力,但是能在线路短路时耐受短路电流的动、热效应。从价格上,比重合器要低廉。

(3)重合器与分段器配合实现故障区段隔离

馈线每段故障由自动重合分段器根据关合故障时间来判断故障。在时间的设置上,应保证变电站内断路器跳开后,线路断路器再延时断开,然后站内断路器(或重合器)进行重合,保证从电源侧至负荷侧送电,当再次合上故障点时,站内断路器(或重合器)再次跳开,同时故障点两侧线路断路器将故障段锁定断开,确保再次送电成功。

①辐射状网故障区段隔离。

图 8-24～图 8-30 为一个典型的辐射状网在采用重合器与分段器配合时,隔离故障区段的过程示意图。

a.馈线正常运行状态。在正常状态下,重合器 A 和线路上所有开关闭合,如图 8-24 所示。

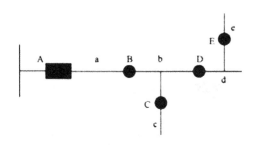

图 8-24 馈线正常运行状态

■代表重合器合闸状态;●代表分段器合闸状态

b.第一次跳闸。设馈线 c 段发生永久性短路,重合器 A 跳闸,线路上所有分段器因失电压而同时断开,如图 8-25 所示。

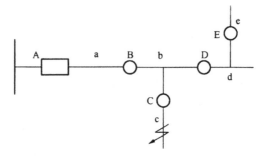

图 8-25　第一次跳闸

c.第一次重合闸。A 延时 t_1 重合,电源加到 a 段,如图 8-26
所示。

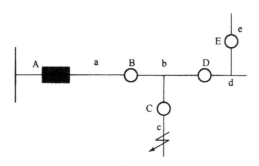

图 8-26　第一次重合闸

□代表重合器断开状态;○代表分段器断开状态

d.分段器 B 自动闭合。分段器 B 有电后延时 x_1 闭合,电源
加至 b 段,如图 8-27 所示。

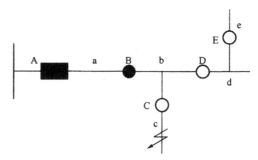

图 8-27　分段器 B 自动闭合

e.分段器 D 自动闭合。分段器 D 有电延时 x_1 后闭合,电源加至 d 段,如图 8-28 所示。

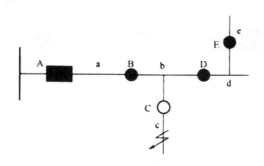

图 8-28　分段器 D 自动闭合

f.因分段器 C 闭合引起重合器 A 第二次跳闸。分段器 C 有电后延时 $x_1+\mu$ 闭合至 c 支线,因合到故障段 c 引起断路器 A 再次跳闸。分段器 C 合闸后未达到 y_1 时限就又失电压,因此判断 c 段有故障,分段器 C 闭锁,如图 8-29 所示。

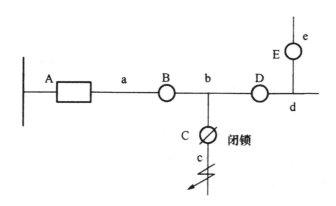

图 8-29　分段器 C 闭合后引起重合器 A 第二次跳闸

g.第二次合闸。重合器 A 再次合闸,然后分段器 B、D、E 依次延时 x_1 闭合。由于分段器 C 已经闭锁,故障已隔离,从而恢复了健全区段的供电,如图 8-30 所示。恢复供电时间可能需要几十秒至过百秒,依馈线分段数多少和重合器、分段器合闸延时而不同。

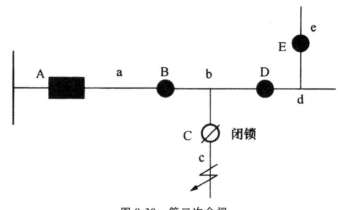

图 8-30　第二次合闸

②环状网开环运行时的故障区段隔离。

一个典型的开环运行的环状网（手拉手）在采用重合器与分段器配合时，隔离故障区段的过程示意图，如图 8-31 所示。

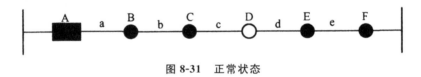

图 8-31　正常状态

a. 在图 8-31 中，A 采用重合器，整定为一慢一快，即第一次重合时间为 15s，第二次重合时间为 5s。B、C 和 D 采用分段器。其中 D 作为两条线路的联络开关，处于常开状态，开环运行。

b. 发生故障。当 b 段发生故障时，重合器 A 跳闸，分段器 B、C 因失电压而断开。联络开关 D 的控制器因感受到一侧停电后开始启动联络开关投入确认时间，如图 8-32 所示。

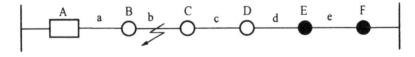

图 8-32　b 段发生故障

c. 第一次重合闸。当重合器 A 经过跳闸时间 x_1 后，重合器 A 重合，给 a 段供电，当分段器 B 检测到 a 侧来电后，闭合前确认时间 x_1 时限开始计数，如图 8-33 所示。

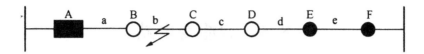

图 8-33　第一次重合闸

d. 分段器 B 闭合。经过 x_1 延时后,分段器 B 自动闭合,给区段 b 供电,分段器 B 启动合闸后确认时间 y_1 时限,同时,分段器 C 准备启动 x_1 时限计数,如图 8-34 所示。

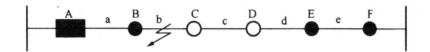

图 8-34　分段器 B 闭合

e. 第二次跳闸。由于故障存在于 c 段而引起重合器 A 再次跳闸,分段器 B 失电压跳开,而 B 的控制器因感受后端故障而闭锁,分段器 C 的控制器因故障电压而合闸闭锁,故障段 b 被隔离,如图 8-35 所示。

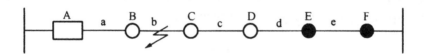

图 8-35　第二次跳闸

f. 第二次合闸。经 t_2 后,断路器 A 第二次合闸,因分段器 B 已合闸闭锁,电源送到 a 段。分段器 D 在经过 x_1 时限延时后,合闸恢复 c 段的供电。至此,故障的隔离、非故障段的恢复供电过程全部完成,如图 8-36 所示。

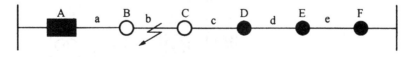

图 8-36　第二次合闸

8.5 智能变电站

智能变电站(Smart Substation)是在变电站综合自动化技术基础上发展而成的一种新型变电站,能够自动完成信息采集、测量、控制、保护、计量和状态监测等基本功能。其主要设备包括智能电子装置、智能组件、智能终端、电子式互感器、合并单元等智能设备构成,可进一步支持电网实时自动控制、智能调节(如变压器自动调压、无功补偿设备自动调节等)、在线分析决策(如对变电站的运行状态进行在线监测,在线实时分析和推理,自动报告变电站异常情况,并提出故障处理指导意见等)以及协同互动监控中心、相邻变电站、大用户及各类电源等外部系统进行信息交换等高级功能。

目前,智能变电站采用以太网结构,采用站控层、间隔层、过程层以及站控层网络(MMS)和过程层网络(GOOSE SV)的"三层两网"结构。图 8-37 所示为智能变电站系统的结构,图中将智能变电站二次设备分为系统层和设备层。

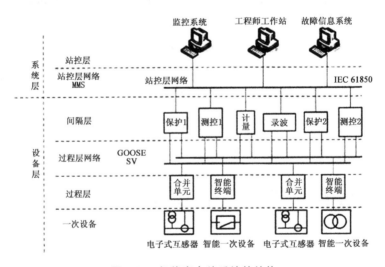

图 8-37 智能变电站系统的结构

随着设备智能化的发展,未来的智能变电站的系统结构可以简化为设备层和系统层两层结构,一层网络,如图 8-38 所示。设备层包含一次设备和智能组件,将一次设备、二次设备、在线监测和故障录波等进行有机融合,具备电能输送与分配、继电保护、控制、测量、状态监测、故障录波、通信等功能。系统层面向全站,通过智能组件获取并综合处理变电站中关联智能设备的相关信息,具备基本数据处理和高级应用功能。

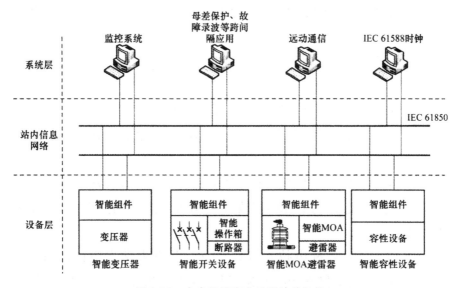

图 8-38　未来智能变电站系统的结构

参考文献

[1]付敏,白红哲,吕艳玲.电力工程基础[M].北京:机械工业出版社,2016.

[2]张雪君,吴娜.电力工程基础[M].北京:机械工业出版社,2016.

[3]丁坚勇,胡志坚.电力系统自动化[M].北京:中国电力出版社,2015.

[4]卢芸.电力工程基础[M].北京:机械工业出版社,2013.

[5]张铁岩.电气工程基础[M].北京:人民邮电出版社,2012.

[6]刘介才.工厂供电[M].北京:机械工业出版社,2013.

[7]孟祥忠.现代供电技术[M].北京:清华大学出版社,2006.

[8]王玉华.供配电技术[M].北京:北京大学出版社,2012.

[9]唐志平.供配电技术[M].3版.北京:电子工业出版社,2014.

[10]苏文成.工厂供电[M].2版.北京:机械工业出版社,2012.

[11]胡安民.架空电力线路计算[M].北京:中国水利水电出版社,2014.

[12]夏新民.电力电缆选型与敷设[M].2版.北京:化学工业出版社,2012.

[13]狄富清,狄晓渊.配电实用技术[M].北京:机械工业出版社,2012.

[14]胡孔忠.供配电实用技术[M].合肥:合肥工业大学出版社,2012.

[15]王葵,孙莹.电力系统自动化[M].3版.北京:中国电力出版社,2012.

[16]杨冠城.电力系统自动装置原理[M].5版.北京:中国电力出版社,2013.

[17]王士政.电力系统控制与调度自动化[M].北京:中国电力出版社,2012.

[18]张永健.电网监控与调度自动化[M].4版.北京:中国电力出版社.2012.

[19]徐青山.分布式发电与微电网技术[M].北京:人民邮电出版社,2011.

[20]高翔.智能变电站技术[M].北京:中国电力出版社,2012.

[21]蒋建民,冯志勇.电力网电压无功功率自动控制系统[M].沈阳:辽宁科学技术出版社,2010.

[22]董张卓,王清亮.配电网和配电自动化系统[M].北京:机械工业出版社,2014.

[23]陆敏政.电力工程[M].北京:中国电力出版社,2008.

[24]尹克宁.电力工程[M].北京:中国电力出版社,2008.

[25]袁小华.电力工程[M].北京:中国电力出版社,2007.

[26]姚建国,杨胜春.电网调度自动化系统发展趋势展望[J].电力系统自动化,2007,31(13):7—11.

[27]石俊杰,孟碧波,顾锦汶.电网调度自动化专业综述[J].电力系统自动化,2004,28(8):1—5.

[28]李孟超,王允平.智能变电站及技术特点分析[J].电力系统保护与控制,2010,26(18):59—62.

[29]程鹏.电气工程中的核心理论及其发展研究[M].北京:中国水利水电出版社,2016.

[30]谷永刚,王琨,张波.分布式发电技术及其应用现状[J].电网与清洁能源,2010,26(6):38—43.

[31]汪旻.浅析微电网继电保护方法[J].电源技术应用,

2013(2):288－289.

[32]王军,林莉,李全,等.分布式电源与微网管控技术综述[J].电子元器件应用,2012(8):3－7.

[33]陈坤.分布式电源对电网的影响分析[J].农村电气化,2013(7):55－56.

[34]张兴然.浅谈降低电能损耗的技术措施[J].科技视界,2016(1):248－248.

[35]李光荣.等值功率法在网损计算及其分摊中的应用[J].电气开关,2006,44(5):50－52.

[36]贾士民,解岩,李健,等.浅谈供电线路与配电变压器的经济运行[J].华北电力技术,2003(6):45－47.

[37]马忠琴.简单电力系统的静态稳定性[J].黑龙江科技信息,2014(14):13－13.

[38]於海.浅析高压直流输电系统的稳定性[J].现代经济信息,2009(18):238－239.

[39]纪留利.电力系统稳定性分析[J].科技广场,2011(9):191－193.

[40]李东海.影响电力系统运行的稳定性的原因及措施[J].黑龙江科技信息,2010(1):1－1.

[41]刘雄平.谈电弧的产生与熄灭[J].企业家天地月刊,2010(3):52－53.

[42]康凯,郑全新.电气灭弧初探[J].品牌研究,2015(5):157－157.

[43]廖成.浅谈电流互感器[J].河南科技月刊,2014(4):63－64.

[44]夏令坤.浅谈变电所的电气主接线[J].现代制造,2011(12):8－9.

[45]吴浩.某终端变电所主接线方案探讨[J].科技信息:学术研究,2008(23):85－86.

[46]秦钢.关于农网变电站主接线的设计[J].内蒙古科技与经济,2011(2):92－92.

[47]明富勇.电气主接线的基本要求和设计原则[J].现代商贸工业,2011(9):283—283.

[48]李德红.出线线路停送电倒闸操作步骤及危险源分析[J].电子制作,2014(1x):93—93.

[49]蔡振华.大型水电厂保护整定计算及其软件的研究[D].华中科技大学,2008.

[50]王清杰.论厂用电接线基本形式[J].黑龙江科技信息,2016(4):51—51.

[51]邓连勃.发电厂的厂用电源及与电气设备的引接[J].科技与企业,2012(16):182—182.

[52]陈春辉,叶成刚,顾赛杰.110kV降压变电所设计研究[J].电源技术应用,2012(10):25—26.

[53]徐虎刚.牵引变电所的防雷措施[J].科研,2015(4):270—271.

[54]赵述仁.防雷及接地施工监理[J].中国招标,2015(15):37—39.

[55]彭洪斌.避雷器的基本类型和结构探究[J].产业与科技论坛,2013,12(3):116—117.

[56]李少波.太阳能光伏并网发电系统的雷电监控系统研究[D].武汉纺织大学,2012.

[57]刘中平.浪涌保护器的应用分析[J].电器与能效管理技术,2009(24):33—36.

[58]才红明.浅析防雷接地在民用建筑中的应用[J].福建建材,2012(7):34—36.

[59]黄永杰,刘磊明.电力系统雷电过电压与绝缘配合[J].轻工科技,2011(9):73—75.

[60]周鑫.浅析雷电对输电线路的危害及防护措施[J].科技创业家,2013(16):113.

[61]刘子成.智能变电站保护及自动化系统配置方案的设计[D].江苏科技大学,2014.

[62]王永青.10kV配网系统继电保护[J].科技风,2010(23)：205－206.

[63]刘苛,邢志杰.应对突发低压触电事故现场处置方案[J].农村电工,2013(5)：28－28.

[64]孙海文,丁明辉,丰田.监控系统在智能变电站的应用[J].宁夏电力,2012(2)：10－14.

[65]杨爱春.变电站继电保护装置若干问题探讨[J].技术新产品,2011(24)：176－177.

[66]张文佳,刘畅.影响微机继电保护可靠性的因素及防范措施[J].技术与市场,2012,19(9)：77－77.

[67]蔡佳洋.试析电力系统调度自动化的功能与结构[J].企业导报,2012(8)：281－281.

[68]滕建平.浅析电力系统调度自动化及其抗干扰控制措施[J].科协论坛,2013(3)：50－51.

[69]张执超.电力系统紧急状态下切负荷控制策略研究[D].华北电力大学,2014.

[70]刘杨,于丹,潘艳华,等.电力系统的运行状态及其控制[J].黑龙江科技信息,2008(8)：65－65.

[71]葛树国,沈家新.10kV配电网馈线自动化系统控制技术分析及应用[J].电网与清洁能源,2012,28(8)：29－34.

[72]张亚妮.浅谈变电站综合自动化的基本功能[J].工程,2010,29(16)：128－128.

[73]樊秦华.解析调度运行中电力技术的运用[J].中华民居旬刊,2013(27)：184－184.

[74]黄新波,贺霞,王霄宽,等.智能变电站的关键技术及应用实例[J].电力建设,2012,33(10)：29－33.

[75]周世发.刍议配电网技术在电力系统中的应用[J].中国新技术新产品,2010(23)：160－161.